KB156834

안티바이오틱스에서

프로바이오틱스로

안티바이오틱스에서
프로바이오틱스로

1쇄 인쇄 2023년 5월 20일
1쇄 발행 2023년 5월 30일

지은이 김혜성
감수 김규원
그린이 김영민
카툰 황윤정

펴낸이 황인성
펴낸곳 (주) 닥스메디 오랄바이옴
판매대행 파라북스 (02-322-5353)

등록번호 제 2023-000049 호
등록일자 2023년 2월 24일
주소 경기도 고양시 일산서구 강성로 143 4층 (주엽동)
전화 031-922-2240 팩스 | 031-365-4597
홈페이지 https://www.docsmedi.kr

ISBN 979-11-98315-40-3 (03470)

* 값은 표지 뒷면에 있습니다.

내 안의 우주

Antibiotics
to Probiotics

안티바이오틱스에서
프로바이오틱스로

김혜성 지음

김규원
서울대 약대 명예교수

　높은 산봉우리에 올라가야 지나왔던 길과 앞으로 갈 길이 확연히 보이게 됩니다. 이 책은 저자가 현대 의생명과학계의 높은 산봉우리에 올라 지금 가장 주목받고 있는 미생물의 재발견과 마이크로바이옴에 의한 혁명적인 장수시대를 우리에게 친절하게 안내하고 있습니다. 20세기 이전 안개 속의 프로바이오틱스 시절로부터, 20세기에 기승을 부린 무분별한 안티바이오틱스 시대를 거쳐, 21세기 재조명된 프로바이오틱스의 미래로의 전환을 저자가 누구보다 선구적으로 산위에 올라 조망한 책입니다.

　구체적으로 현재 건강과 장수가 미생물을 중심으로 안티anti에서 프로pro로 전환되고 있고 또 되어야 함을 최신 과학정보와 지식에 근거하면서도 쉽게 해석하여 누구나 동행할 수 있게 하였습니다. 특히 현실과 괴리된 난해한 과학적 이론에 함몰되지 않고 의료현실과 실생활에서 안티에서 프로로의 전환을 저자 특유의 쉽고 유머러스한 필체로 설득력 있게 설명하고 있습니다.

그리하여 안티바이오틱스 시대에 쌓아올린 인간과 미생물 사이의 높은 분리장벽을 과감하게 해체하고, 미생물의 품속에 살고 있는 우리의 실상을 직시하여 미생물과 동행해야 함을 강조합니다. 그리고 모든 이들의 동참과 실천이 그 전환의 중심에 있음을 역설합니다.

이 책이 각별히 돋보이는 것은 복잡하고 난해한 최신 과학적 발견을 각고의 숙성과 발효과정을 거쳐 일반인들도 편하게 섭취할 수 있도록 한 저자의 배려와 통찰력입니다. 그러므로 독자 여러분도 저자의 깊은 내공으로 숙성된 매력적인 발효지식을 드시면서 보이지 않는 미생물과 손을 잡고 건강한 장수생활을 누리시길 기원합니다.

김영균

분당서울대학교병원
치과 구강악안면외과 교수

저는 35년 이상 경력을 가진 치과 구강악안면외과 전문의입니다. 약 20년 전 구강악안면 부위 감염을 치료하면서 항생제 남용과 병원성 감염으로 인해 발생한 MRSA항생제에 내성을 나타내는 황색포도상구균 감염 환자들을 직접 경험했습니다. 이 환자들은 퇴원하고 항생제를 전혀 사용하지 않으면서 통원치료를 한 결과 완치되었지만, 많은 어려움이 있었습니다. 그 과정에서 항생제 남용의 무서움을 깨닫게 되었습니다.

이후 치과 관련 수술을 하면서 항생제 사용원칙을 준수하고 사용량을 최소화하려고 노력하던 시점에 프로바이오틱스라는 개념을 접하게 되었습니다. 이 분야에는 문외한이지만 이론적으로 중요한 의미가 있다고 생각하면서 관련 서적들을 찾아보기 시작하였고, 이때 김혜성 박사님이 저술한 책을 접하게 되었습니다. 처음 접한 책은《미생물과 공존하는 나는 통생명체다》였는데 깊은 감명을 받았습니다. 이후 김혜성 박사님이 저술한 서적들,《입속에서 시작하는 미생물 이야기》,《미생물과의 공존》,《입속세균에 대한 17가지 질문》은 물론 번역한 책《구강감염과 전신건강》등을 모두 구입하여 정독하였고, 그 와중에 나름대로 개념을 정립할 수 있었습니다. 저는 김혜성 박사님과는 일면식도 없는 관계였습니다. 하지만 책을 읽으면서 이 분의 학술적 개념과 프로바이오틱스에 대해 오랜 기간 해온 연구를 알게 되었고, 그 열정을 존경하게 되었습니다.

이런 시점에《안티바이오틱스에서 프로바이오틱스로》라는 신간이 곧 출판된다는 소식을 듣고 매우 기뻤습니다. 새 책이 출간되면 처음부터 끝까지 다시 한 번 정독하려 합니다. 그러면 제 머릿속에 완전한 개념이 정립될 것이라고 기대하고 있습니다.

최근 항생제 남용이 문제되는 시점에서 항생제(안티바이오틱스)와 프로바이오틱스의 차이점을 발상법에서부터 의료와 실생활의 적용까지 알기 쉽게 설명한 이 책을 읽는다면, 의료인들뿐만 아니라 일반인들도 프로바이오틱스와 원헬스One Health의 개념을 쉽게 이해할 수 있을 것임을 확신합니다.

한경수
국립암센터 대장암센터장

인간은 오랫동안 인체 미생물(마이크로바이옴)과 공존하며 균형을 이루어 살아왔으며, 마이크로바이옴이 인간이 건강한 삶을 유지하는 데 중요한 역할을 하고 있다는 사실은 잘 알려져 있습니다. 이전부터 마이크로바이옴의 변화와 특정 질병 발생과의 상관관계에 대한 많은 연구들이 진행되고 있으며, 이는 종양학 분야에서도 예외는 아닙니다. 최근 마이크로바이옴과 여러 암종들과의 상관관계에 대한 연구들이 활발하게 진행되고 있으며, 아직은 연구단계에 머물러 있지만 향후 암의 예방, 진단 및 치료에 마이크로바이옴이 활용될 수 있으리라는 기대가 커지고 있는 상황입니다. 이와 함께 건강에 도움이 된다고 여겨지는 미생물인 프로바이오틱스 개념이 등장하면서, 마이크로바이옴 연구와 그에 기반한 프로바이오틱스에 대한 관심이 높아지고 있습니다.

이 책의 저자인 김혜성 박사님은 치과의사이자 미생물 연구자로 미생물과 프로바이오틱스 관련 다수의 논문 저술에 참여하였습니다. 환자 진료 및 연구에 바쁜 중에도 미생물 관련 다수의 도서를 집필하였는데, 이들 가운데 세 권이나 한국과학창의재단 우수과학도서에 선정되기도 하였습니다. 저자는 특히 항생제 오남용 이슈와 관련된 프로바이오틱스의 중요성에 대해 깊은 관심을 보이고 있으며, 실제로 저자가 이사장으로 재직중인 사과나무의료재단 치과병원에서 동료 치과의사들과 항생제 처방 가이드라인을 함께 만들고 항생제 처방률 낮추기 위해 노력하고 있습니다.

저자는 이 책에서 최신의 마이크로바이옴 및 프로바이오틱스 연구에 기반하여, 평소 본인의 관심사였던 항생제와 프로바이오틱스에 관한 자신만의 철학을 일반인도 이해할 수 있는 쉬운 언어로 풀어내고 있으며, 프로바이오틱스라는 키워드를 통해 항생제가 주는 문제를 줄여보자 제안하고 있습니다.

어려운 과학적 지식과 일상을 연결하려는 저자의 노력이 잘 녹아있는 이 책이 평소 마이크로바이옴과 프로바이오틱스에 관심이 있는 여러 사람들에게 많은 도움이 될 것으로 기대합니다.

마지막으로 환자 진료 및 연구에 바쁜 중에도 집필 활동까지 병행하고, 마침내 훌륭한 결실을 보여준 저자의 노력과 집념에 박수를 보냅니다.

차례

감수의 글 _ 김규원 서울대 약대 명예교수 … 4

추천의 글 _ 김영균 분당서울대학교병원 치과 구강악안면외과 교수 … 6

한경수 국립암센터 대장암센터장 … 8

서문 _ 감염병에 대처하는 시대적 인식변화 … 12

1장 안티바이오틱스 vs
프로바이오틱스

우리 시대 항생제 사용의 문제점들 … 24

내 몸 미생물에 대한 발상의 전환 … 47

프로바이오틱스, 오래된 미래 … 61

2장 안티바이오틱스에서
프로바이오틱스로

면역을 낮추는 안티바이오틱스,
면역을 높이는 프로바이오틱스 … 92

축산과 수산양식에서 항생제는 살찌우는 약 … 109

암 치료와 예방을 돕는 프로바이오틱스 … 116

중환자실과 수술 후의 감염예방 … 132

대사증후군, 만성질환 관리와 프로바이오틱스 … 139

3장 프로바이오틱스로
건강하게

장건강 _ 장누수증후군과 프로바이오틱스 ··· 154
구강건강 _ 구강관리와 프로바이오틱스 ··· 162
피부건강 _ 아토피와 무좀 경험을 바탕으로 ··· 170
호흡기 건강 _ 코에서 폐까지, 그리고 프로바이오틱스 ··· 178
여성건강 _ 락토바실러스의 독재를 돕는 프로바이오틱스 ··· 184
마음건강 _ 사이코바이오틱스,
　　　　　 마음건강을 위한 프로바이오틱스 ··· 194

4장 프로바이오틱스,
어떻게 선택하고 어떻게 복용할까

프로바이오틱스, 어떻게 선택할까? ··· 204
프로바이오틱스 복용방법 ··· 216

결론 _ 나와 마이크로바이옴의 창발성 ··· 222

참고문헌 ··· 227

감염병에 대처하는
시대적 인식변화

4시 30분에 알람이 울립니다. 걷거나 공유 자전거를 타고 병원에 나오면 5시가 조금 넘습니다. 이때부터 연한 커피와 함께 거의 매일 하는 아침 루틴routine이 있습니다. 모두 여섯 가지입니다.

1. 모교 중앙도서관을 통해 전날 생각해둔 학술자료 검색해서 읽기.
2. 블로그나 개인 메모장에 간단한 글 쓰기. 가끔 책 원고 쓰기.
3. 다른 사람의 책 조금 읽기. 급하지 않게 저자와 나의 일상을 비교하며 천천히.
4. 10분 정도 스트레칭. 병원 한 켠에 둔 기구를 이용해서.
5. 화장실 가기. 이게 제일 중요한 아침 행사. 건강의 기본은 잘 먹고 잘 싸기!
6. 프로바이오틱스를 입안에서 가글해서 먹기. 건강의 시작은 입속 세균 관리.

이른 아침 저는 자료를 읽고 글을 쓰고,
건강의 기본 "잘 먹고 잘 싸기"와
건강의 시작 "입속세균 관리"에 충실한
하루 일과를 시작합니다.

관심분야의 자료를 찾아 읽거나 책을 읽고 글을 쓰는 것은 오래된 습관입니다. 스트레칭을 하는 것이나 화장실에 가는 것도 몸과 속이 편안한 하루를 위해 오래 전부터 공들여온 습관입니다. 그에 비하면 프로바이오틱스를 가글해서 먹는 것은 비교적 최근에 시작한 것입니다.

프로바이오틱스에 관심을 갖는 사람은 저뿐만이 아닙니다. 상품화도 많이 되어 건강에 관심이 있는 사람이라면 한번쯤 프로바이오틱스 유산균을 복용해 보았거나 복용을 고려해 보았을 겁니다. 이는 통계로 보아도 확인됩니다. 프로바이오틱스 제품이 1조 원 정도의 커다란 시장을 만들고 있다고 하니까요.

그런데 프로바이오틱스란 정확히 무엇일까요? 제가 보기에, 프로바이오틱스란 말의 진정한 의미는 항생제를 의미하는 안티바이오틱스와 대비시켜야 제대로 음미가 될 듯합니다. 세균을 죽여anti 내 몸을 보호하겠다는 20세기 안티바이오틱스antibiotics, 항생제와는 정반대로, 내 몸에 유익한pro 생명biotics을 받아들여 나의 건강을 지키겠다는 개념이니까요.

이렇게 보면, 프로바이오틱스probiotics란 비단 상품화된 프로바이오틱스 유산균에만 한정되지 않습니다. 우리 선조들이 오랫동안 발효음식에 이용해온 세균들은 말할 것도 없고, 심지어 우리 몸에 이미 살고 있는 세균 가운데에도 우리 건강에 유익한 것들이 있습니다. 여기에서 중요한 것은 우리 건강에 유익한 세균들이 있다는 것입니다. 우리 몸에 유익한 세균이 있다는 것은, 세균 하면 감염과 질병의 원인으로만 생각했던 20세기 사고를 넘어서는 발상의 전환이지요. 이런 발상은 21세기 마이크로바이옴 혁명이 가져다준 새로운 지식과 만나면서, 우리 몸과 온 지구의 주인이 실은 눈에 보이지 않는 미생물이라는 인식으로 확장됩니다. 그리고 이러한 인식은 나와 지구의 건강이 별개의 것이 아니라는 걸 깨닫게 해주었습니다. 유익한 세균이라는 발상의 전환이 이른바 원헬스One health■로 가는 길을 연 것이죠.[1]

저에게 프로바이오틱스는 중장기적으로 일상생활에서부터 산업, 의료 영역까지 확장해갈 시대적 과제이기도 합니다. 더 정확히는 '지금 바로 여기'에서부터 조금씩 인식의 전환을 통해 바꾸어 나가고 싶은 과제이죠. 이유는 이렇습니다

과거, 항생제의 개발 전 혹은 냉장고의 발견 이전까지 인간은 늘 프로바이오틱스 음식을 먹고 살았습니다. 김치, 된장, 요거트, 치즈 같은 발효음식들입니다. 발효음식은 저장성이 좋아 우리보다 우리 선조들의 식단에 더 많은 부분을 차지할 수밖에 없었죠. 그리고 김치 유산균인 류코노스톡leuconostoc이나 된장 속의 고초균Bacillus subtilis은 인간 스스로 자각하지는 못했으나 알게 모르게 많은 감염병으로부터 인간을 구했을 것입니다. 우리 전통음식의 김치 유산균과 된장 고초균이 코로나19를 포함한 여러 병원성 미생물에 항미생물 효과가 있다는 것을 최근 과학이 밝혀주고 있으니까요.[2]

■ 원헬스One health는 인간, 동물, 환경의 건강이 상호 의존하고 있음에 바탕을 둔 것으로, UN에서도 채택한 개념입니다. 그래서 미생물과 관련한 문제들을 해결하려면 의학, 수의학, 환경과학을 포함하는 다양한 학문 분야의 전문가들이 협동해야 합니다.

그림 1. 미생물과 감염병과 관련된 시대적 흐름
미생물이나 감염병에 관한 저의 시대적 인식은 간략하게 표현하면
이 그림과 같습니다.

프로바이오틱스 ~19세기
안티바이오틱스 20세기
다시 프로바이오틱스 21세기~

그러다 19세기 후반부터 인류는 안티바이오틱스항생제로 확실히 경도됩니다. 산업혁명 이후 도시의 발달과 함께 밀집된 환경에 살게 된 인류는 과거에 비해 콜레라나 폐렴 등 많은 감염병에 훨씬 더 많이 노출됩니다. 이런 감염병의 원인이 다름 아닌 세균이었다는 것이 1880년대 전후로 코흐와 파스퇴르 같은 걸출한 과학자들에 의해 밝혀지죠. 이른바 '세균감염설germ theory'입니다. 이때부터 인류는 세균을 감염의 원인, 박멸의 대상으로 봅니다. 손 씻기, 이 닦기를 포함한 위생hygiene이 강조되고요.

위생이 문명국가의 상징처럼 부각되기도 합니다. 20세기 전후 우리나라 개화기때 지식인과 근대정부의 가장 큰 고민 가운데 하나가 위생이었다 합니다. 고전평론가 고미숙에 의하면, 20세기 초 한양의 거리는 똥냄새가 진동했다고 하니까요.[3] 그런 밀집된 도시환경이

19세기말과 20세기초 조선에서 콜레라 유행을 만들었을 것이고요.[4] 1900년 인근부터 시대적 배경으로 하는 박경리의 소설 ≪토지≫에서도 호열자虎列刺란 병이 하동 평사리를 휩쓸고 가는데, 호열자가 바로 콜레라입니다.

이런 감염병들은 다행히 20세기 중반 대량생산을 시작한 마이신■에 의해 제어됩니다. 제가 어렸을 때 장남인 저희 형이 폐렴에 걸렸는데, 그때만 해도 폐렴은 죽을병에 가까웠습니다. 온 집안이 긴장했던 기억이 있습니다. 하지만 1950년대 초 왁스만Waxman에 의해 개발된 마이신스트렙토마이신Streptomycin 덕에 형은 지금까지도 건재합니다.

하지만 많은 유익한 일들이 그렇듯 이후 마이신, 그러니까 안티바이오틱스(항생제)는 과잉으로 치닫습니다. 1940년대 대량생산되어 2차대전 중 수많은 젊은이들을 살려낸 마이신은 곧 만병통치약으로 떠오르게 되죠. 어렸을 적 저의 어머니는 우리 형제들이 조금만 아파도 마이신을 찾았습니다. 당시엔 의약분업이 되지 않아 약국에서 쉽게 항생제를 구입할 수 있었죠. 의사의 처방이 있어야만 복용할 수 있는 지금도 감기, 잇몸병, 피부질환 같은 가벼운 병에도 마이신 같

■ 정확히 말하면 항생제antibiotics의 역사에서 마이신과 항생제가 일치하는 것은 아닙니다. 세균과 감염병을 잡기 위한 제제를 찾는 노력은 1880년대 코흐와 파스퇴르 이후 지속적으로 있어왔죠. 그 중에는 화학적으로 합성한 것도 있고, 흙이나 자연에 사는 곰팡이나 세균이 만드는 항균물질을 이용한 자연산도 있습니다. 1950년대 들어서는 자연산 미생물이 만든 항생물질로 만든 제제가 이름 뒤에 마이신이 붙어 출시되었고, 그후 마이신은 항생제의 대명사처럼 쓰이게 되었습니다.

은 항생제가 쉽게 쓰입니다. 항생제는 면역력으로 충분히 감당할 수 있는 가벼운 감염에 쓰이는 약이 아니어야 하는데도 말이지요. 세계적으로 50% 정도의 항생제가 부적절하게 처방되고 있다고 하는데, 실제로는 그 비율을 훨씬 더 올라갈 수 있습니다.[5]

항생제가 과잉 처방되고 있는 곳은 병원만이 아닙니다. 축산업계나 어류 양식업에서도 과잉 사용되기는 마찬가지입니다. 도시의 일상과는 떨어져 있기에 생소할지 모르나, 오히려 인간보다 동물에 훨씬 더 많은 항생제가 사용됩니다. 약 7:3의 비율로 소, 닭, 돼지 등이 인간보다 항생제를 더 많이 먹습니다. 감염병 예방을 위해서라고 하지만, 실은 항생제는 살찌우는 약입니다. 같은 사료를 먹어도 항생제가 포함되면 체중이 더 늘지요. 생산성을 생각하면 축산업에서 매력적으로 여기지 않을 수 없을 겁니다. 우리나라는 2013년부터, 유럽연합의 경우 2006년 즈음부터 축산에 항생제 사용을 금지하기까지 했는데도 동물 항생제의 비율은 줄어들지 않고 있습니다.[6]

과유불급이라, 과잉은 늘 부작용을 낳습니다. 약이 독의 또다른 얼굴일 수 있는 이유이기도 하죠. 특히 항생제의 과잉사용은 항생제 내성_{저항성}, antibiotics resistance이라는 범인류적 문제를 초래했습니다. 피부 상주세균인 황색포도상구균*Staphylococcus aureus*의 경우, 이제 대부분 항생제 내성을 획득해서 그 세균을 타깃으로 하는 항생제의 원조 페니실린은 더이상 약발이 먹히지 않습니다. 페니실린은 의료현장에선 이제 쓰이지 못하는 의약품으로 전락했죠. 항생제 내성균이 만든 감염병으로 미국에서만 수만 명이 사망하여 다시 항생제 이전 시대로 돌아가는 것이 아니냐는 우려가 있을 정도이고요.[7]

이 외에도 항생제는 감염병과 상관없는, 우리 몸에 살고 있는 수많은 상주미생물들에게도 심각한 타격을 줍니다. 인간은 오랫동안 인체 미생물과 공존 공진화하며 균형을 이루며 살아왔을 텐데, 그 균형이 항생제와 더불어 깨진다는 겁니다. 더 나아가 20세기 동안 인류는 자신 몸 내부의 세균들만이 아니라, 지구 환경에 살고 있던 많은 세균들을 멸종시키거나 내성을 갖도록 변이시켰습니다. 태초의 지구에서 최초의 생명체였고 지금도 보이지 않는 지구의 주인인 미생물의 입장에서 보자면, 20세기 후반의 항생제는 초유의 사태였을 것입니다.[8, 9]

이 같은 항생제 내성과 부작용에 반성하고 대응하기 위해 다각도의 대안들이 나오고 있습니다. 그 중에서 21세기 마이크로바이옴 혁명이 선사한 프로바이오틱스는 여러 대안 중 가장 유력한 것으로 보입니다. 해서 다음처럼 병원에서나 일상에서의 사고와 패턴을 바꾸어 가면 좋겠습니다.

첫째, 폐렴 등 생명을 위협할 가능성이 있는 감염에는 당연히 항생제를 써야 합니다. 그러면서도 항생제가 가져오는 변비와 같은 부작용을 줄이고 치료효율을 높이기 위해 항생제와 프로바이오틱스의 병용요법을 사용할 수 있습니다. 폐렴환자들을 대상으로 항생제와 프로바이오틱스를 함께 복용하면 항생제 부작용을 줄이고 염증을 낮출 수 있기 때문입니다.[10]

둘째, 가벼운 감염병에는 모두 항생제 대신 프로바이오틱스 요법이 우선 검토되어야 합니다. 치과의 경우, 간단한 발치나 잇몸염증 치료 후에도 쉽게 항생제가 처방되기도 하는데, 이런 경우 대부분 항생제는 불필요합니다. 대신 프로바이오틱스로 구강유해균을 억제해서 감염과 염증의 위험을 낮출 수 있습니다. 감기나 인후염, 편도염,

질염 모두 마찬가지입니다. 항생제를 줄이거나 대신해서 프로바이오 틱스가 그 역할을 할 수 있습니다.

셋째, 축산업이나 양식업에서도 항생제 사용을 줄이고 프로바이오 틱스 사용을 더 늘려가면 좋겠습니다. 이미 그런 시도가 많이 되고 있거든요.

넷째, 일생생활에서 가벼운 피부상처에 후시딘 같은 연고를 너무 쉽게 바르는 것도 자제되어야 합니다. 항균비누나 세정제 역시 자제 되어야 하고요. 제약회사에는 이익이 될지 모르나, 항생제에 너무 자 주 노출되는 습관은 내성의 가능성을 높이고 환경에 위해할 수밖에 없습니다. 식생활에서도 현미나 김치, 된장 같은 발효음식과 식이섬 유 음식을 늘리고 꼭꼭 씹어 먹는 습관을 들여야 합니다. 내 몸 안에 좋은 구강세균과 장내세균을 기르기 위해서요. 특히 변비가 있다면 이런 음식을 섭취하지 않고는 절대 매일 아침 쾌변을 볼 수 없다는 게 저의 오랜 경험이기도 합니다.

한마디로 정리하면, 안티바이오틱스에서 프로바이오틱스로 사고 와 삶의 패턴을 조금씩 옮겨가고, 산업과 의료에서의 적용을 확장해 가야 한다는 것입니다.[11]

모든 산길은 오솔길부터 시작하겠죠. 오솔길이 어느 방향으로 나 있는가에 따라 산 정상에 오르기도 하고 둘레길을 걷게 되기도 합니 다. 이 책에서 우리가 걷는 오솔길의 방향을 오른쪽 그림처럼 인식 부터 시작해 점차 확장해가는 모습으로 형상화해 봅니다. 이 책은 그 오솔길과 그림에 대한 모습을 보다 구체적으로 그려본 것입니다. 이 책을 통해 하나의 힌트를 얻으시길 바라봅니다.

이 책에서 우리가 걷는 방향을 이 그림처럼 인식의 전환부터
시작해 점차 확장해가는 모습으로 형상화해 봅니다.

인식의 전환

일상생활
위생, 음식 등

산업
축산, 양식 등

의료
구강·피부·질 등의 가벼운 감염,
감기, 대사증후군 관리

의료
중증 감염, 치매·암 예방과 치료

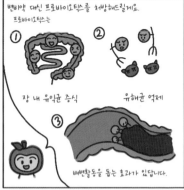

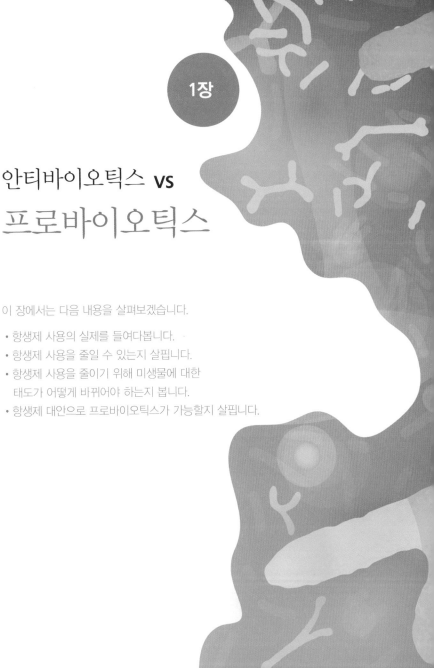

1장

안티바이오틱스 vs 프로바이오틱스

이 장에서는 다음 내용을 살펴보겠습니다.

- 항생제 사용의 실제를 들여다봅니다.
- 항생제 사용을 줄일 수 있는지 살핍니다.
- 항생제 사용을 줄이기 위해 미생물에 대한 태도가 어떻게 바뀌어야 하는지 봅니다.
- 항생제 대안으로 프로바이오틱스가 가능할지 살핍니다.

우리 시대
항생제 사용의 문제점들

저는 약 먹는 걸 매우 꺼려합니다. 환자분들께 약을 처방하는 것도 자제합니다. 약은 독의 또다른 얼굴이란 생각을 늘 하니까요. 약이 너무 많이 흔하게 쓰이는 우리 시대가 기괴해 보이기도 하고요. 약은 꼭 필요할 때만 최소로 써야 하는 게 맞습니다. 특히 항생제는 그렇습니다.

과도한 약물 사용과 의료화 문제

보통 한번에 약을 몇 개나 드시나요? 감기에 걸렸거나 잇몸병으로 진료를 받았을 때 혹은 이런저런 이유로 입원을 했을 때 처방받아 먹는 약 말입니다. 보통은 한번에 먹는 약이 5개를 넘는 경우는 흔치 않습니다. 물론 그런 경우가 없지는 않죠. 노년층에 특히 많습니다.

게다가 노년층에서는 일정한 기간 동안이 아니라 일상적으로 이렇게 많은 약을 복용합니다.

5개 이상 약을 한번에 먹는 걸 다제약복용_{polypharmacy}이라 하는데요, 우리나라 65세 이상인 분들 중 5개 이상의 약을 먹는 다제약복용 환자들이 얼마나 될까요? 40%가 넘습니다.[1] 10개 이상의 약을 드시는 분들도 10% 가까이 되고요. 말 그대로 약으로 배를 채울 정도죠. 인류 전체나 우리 사회가 노령화되어 가기에 복용하는 약이 많아지는 것은 불가피한 측면이 있겠지만, 그래도 이건 좀 과하지 않나 싶어요.

약이 오히려 병을 부르고 그래서 다른 약을 복용하게 만드는 경우도 많습니다. 대표적인 예가 콜레스테롤 약인 스타틴_{Statin, 상품명은 리피토}입니다. 스타틴 계열의 약은 전문의약품 중 가장 많이 처방되는 약인데, 복용자들은 2년 반 만에 당뇨에 걸릴 확률이 안 먹는 사람들에 비해 2배 이상 더 높습니다.[2] 원인 모를 약의 부작용 때문에 당뇨가 생긴다는 겁니다. 학술적으로도 아예 '스타틴으로 인한 당뇨_{Statin induced Diabetes}'란 말이 사용될 정도이니까요. 스타틴을 먹다가 당뇨가 생기면 거기에 또 당뇨약까지 먹게 되겠죠. 우리나라 건강보험공단 통계 자료인 다음 페이지 그래프_(그림1)를 강의 때 보여줬더니 한 분이 "대체 저런 게 어떻게 약이라 할 수 있느냐?"고 하시더군요.

그렇게 약 봉투가 더 두툼해져 갑니다. 그렇다고 우리가 더 건강해질까요? 한때 의사들에게 만병통치약으로까지 칭송받던 아스피린의 예[3]가 그런 막연한 기대에 경종을 울립니다. 건강한 65세 이상 2만 명 가까운 사람들을 무작위로 나누어 5년 동안 아스피린과 위약을 투여한 대규모 무작위 임상연구가 있었습니다. 여기서 아스피린을

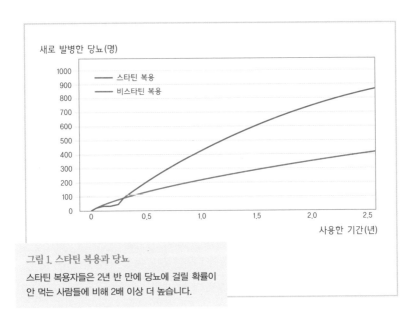

그림 1. 스타틴 복용과 당뇨
스타틴 복용자들은 2년 반 만에 당뇨에 걸릴 확률이
안 먹는 사람들에 비해 2배 이상 더 높습니다.

투여한 그룹의 암 발생률과 사망률이 훨씬 더 높았습니다(표1).[4] 약이
오히려 문제를 더 일으킬 수 있다는 거죠.

이런 현실 때문에 의사나 약사들 사이에 약에 대한 논란이 많습
니다. 매우 적극적으로 약의 효능을 옹호하는 사람부터 반대쪽에서
약의 부작용을 강하게 경고하는 사람들까지 스펙트럼도 다양하고
넓지요.[5]

약에 대해 전문가들까지 의견이 일치하지 않는 것이 아쉽기는 하
지만, 어찌 보면 늘 과학과 의학은 이런 불완전함 속에서 발전해 왔
는지도 모릅니다. 우리가 믿고 의지하는 현대 의과학 역시 생명의 매
우 기초적인 문제도 간과하고 있는 면이 있습니다(결론 부분 참조).

그 불완전함은 자본의 욕망과 만나 과잉의료화over-medicalization

	전체 (N=19,114)	아스피린 (N=9,525)	위약 (N=9,589)	위험률 (95% CI)
	사망자 수	사망자 수 (%)	사망자 수 (%)	
전체 사망자 수	1052	558 (5.9)	494 (5.2)	1.14 (1.01−1.29)
암	552	295 (3.1)	227 (2.3)	1.31 (1.01−1.29)
심혈관 질병, 뇌경색	203	91 (1.0)	112 (1.2)	1.82 (1.01−1.29)
심각한 출혈, 출혈성 뇌졸중	53	28 (0.3)	25 (0.3)	1.13 (1.01−1.29)
기타	262	140 (1.5)	122 (1.3)	1.16 (1.01−1.29)
정보가 불충분한 경우	12	4 (<0.1)	8 (0.1)	−

표 1. 근본적인 사인에 따른 사망률

건강한 65세 이상 2만 명 가까운 사람들을 대상으로 한 무작위 임상연구에서 아스피린을 투여한 그룹의 암 발생률과 사망률이 위약을 투여한 그룹에 비해 훨씬 더 높았습니다.

의 과정을 거치면 더욱 증폭됩니다.[6] 의료화란 과거엔 의료적 문제가 아니었던 것이 의료의 대상이 되거나 약물로 다뤄지는 현상을 가리킵니다. 장례 절차가 좋은 예가 되겠네요. 예전에는 장례를 각자 집에서 치렀는데, 지금은 의사의 사망확인을 거쳐 장례식장에서 치르는 게 일반적이죠. 가벼운 감기나 작은 상처에도 병원에 가거나 약을 찾는 것 역시 마찬가지입니다.

그러나 지금 우리 시대에 의료화가 진행되는 가장 중요한 측면은 무엇보다 고혈압, 당뇨, 고지혈증, 비만 같은 대사증후군metabolic syndrome으로 보입니다. 이런 대사증후군은 가능한 약을 자제하고 음식을 포함한 생활습관 교정으로 다루어야 합니다. 원인이 그러니까 답도 그래야 하죠. 그래서 이것들을 생활습관 병이라고 하는 거고

약은 쉽지만 위험부담이 따르는 길입니다. 그에 비하면 운동이나 음식과 같은 생활습관을 바꾸는 것은 어렵고 길지만 건강을 향해 뻗어 있는 확실한 길입니다.

요. 하지만 건강검진을 해서 혈당이나 혈압, 혈중지방 등이 정상범위라고 정해 놓은 수치에서 벗어나면, 많은 병원에선 약을 우선 권합니다. 게다가 기준 수치를 낮추며 약의 대상을 늘리고 있고요. 이런 현상을 들어 실제 학술문헌에서도 "약을 팔기 위해 병을 판다Promoting disease to promote drugs"고 꼬집기도 합니다.[7] 그 덕에 1990년대 이래로 스타틴이나 아스피린 같은 약의 판매량을 나타내는 그래프의 선은 마치 쏘아올린 로켓처럼 솟아오르고 있죠. 약의 또다른 얼굴인 독이 간과되는 측면인 겁니다. 이것을 사회학자들은 과잉의료화over-medicalization 혹은 약물화pharmaceuticalization로 포착합니다. ■ 이런 과잉의료화가 사회적 재앙이 될 수 있다 우려하고 있고요.[6]

항생제 내성

약에 대한 논란 중에서도 항생제 사용에 대한 논란은 가장 중대하고 오래된 문제입니다. 무엇보다 부작용이 중대합니다. 비단 개인의 문제가 아니기 때문입니다. 잘 알려져 있다시피, 항생제의 부적절한 사용과 그로 인해 초래되는 항생제 내성항생제저항성, antibiotics

■ 약의 부작용과 의료화medicalization에 대한 더 자세한 이야기는 제 블로그 글들을 참조해주시면 좋겠습니다.
https://blog.naver.com/hyesungk2008/222932626966

scan

resistance 문제는 부적절하게 복용한 사람에게만 한정되지 않습니다. 내 몸에 있는 항생제 내성 세균은 손과 입을 통해 나와 직접 접촉하는 타인에게 전달됩니다. 더 우려스러운 것은 항생제 내성을 가진 세균은 그 내성유전자를 주위 세균들에게 퍼트린다는 것입니다. '수평적 유전자 교환horizontal gene exchange'이라는 세균들의 독특한 능력 때문이죠.[8] 그렇게 항생제 내성문제는 개인에게서 친구와 이웃에게로, 인류 전체로, 나아가 생태계 전체로 퍼져 나갑니다. 우리나라에서도 한 연예인이 항생제 내성균 때문에 치료가 되지 않아 사망했다고 하죠. 세계적으론 2019년에 129만 명이 항생제 내성균으로 사망했다고 합니다. '가려진 팬데믹'이란 우려까지 나오고 있고요.[9]

항생제 사용에 대한 논란이 오래되었다는 것은, 약의 개발과 사용의 역사, 항생제 내성에 대한 포착, 내성에 대한 경고가 오래되었다는 겁니다.

항생제의 원조 페니실린은 1928년 과학자 플레밍에 의해 발견됩니다. 실험을 하던 중 휴가를 다녀온 플레밍이 푸른곰팡이에 의해 죽어 있는 포도상구균Staphylococcus을 보고 페니실린을 발견했다는 유명한 일화가 있죠. 그러다 1940년대 페니실린은 대량생산되어 2차대전에 참여한 수많은 부상병들을 감염으로부터 구합니다. 얼마 후 1950년대에는 왁스만Selman Waksman에 의해 폐렴균을 죽일 수 있는 스트렙토마이신Streptomycin까지 나오면서, 항생제는 20세기 의학의 맨 앞자리를 차지하게 되죠. 20세기 후반에 등장한 '마이신'은 상처가 나거나 감기에 걸리면 바로 먹는 약으로 일상생활에도 자리잡게 됩니다.

하지만 문제는 곧 닥칩니다. 페니실린을 발견한 플레밍이 정확히

예측한 것처럼요. 노벨상 수상 후 소감을 묻는 인터뷰에서 플레밍은
이렇게 말합니다.

> 미생물은 스스로를 교육할 것입니다. 그래서 페니실린에 저항을 보일
> 것입니다. 이런 경우 페니실린 저항성 세균의 감염에 의해 죽어가는
> 사람들이 속출할 것이고, 그때는 생각없이 페니실린을 다룬 사람들이
> 도덕적 책임을 져야 합니다. 이런 일이 일어나지 않기를 바랄 뿐입니
> 다.[10]

　플레밍의 경고는 곧 현실이 됩니다. 1940년대에는 항생제의 원
조 페니실린에 의해 제압된 병원의 황색포도상구균*Staphylococcus aureus*
이 1950년대가 되자 40%에서 페니실린에 내성이 생깁니다(그림2).[11]
1960년대에는 80%가 내성을 획득하고, 지금은 거의 모든 포도상구
균에는 페니실린의 약발이 먹히지 않게 되었고요. 그러니까 인간의
피부는 물론 구강, 장, 폐 등 거의 모든 곳에 살고 있는 황색포도상구
균이 감염을 일으킨다면 페니실린을 쓸 수 없게 되었다는 것입니다.
　실제 원조 페니실린이 의료현장에서 폐기된 지는 오래되었습니다.
대신 페니실린의 항균력을 개량한 아목시실린Amoxicillin, 중범위항생제
이나 아목시실린에 클라불라닉산Clavulanic acid이란 것을 더해 항균
범위를 넓힌 광범위 항생제broad spectrum가 세계적으로 가장 많이
쓰이는 항생제가 되었고요.
　물론 항생제가 꼭 필요한 경우는 많습니다. 특히 심내막염이나 결
핵, 골수염처럼 생명을 위협할 수 있는 감염병에는 증상이 없더라도
항생제를 연장 투여하여 재발을 막아야 합니다.[12] 항생제가 없다면

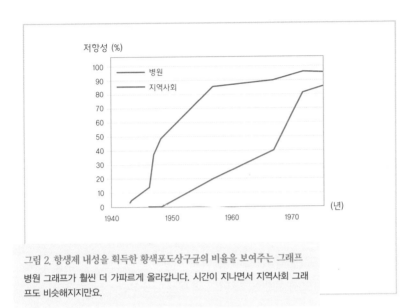

저항성 (%)

100
90
80
70
60
50
40
30
20
10
0

— 병원
— 지역사회

1940   1950   1960   1970   (년)

그림 2. 항생제 내성을 획득한 황색포도상구균의 비율을 보여주는 그래프
병원 그래프가 훨씬 더 가파르게 올라갑니다. 시간이 지나면서 지역사회 그래
프도 비슷해지지만요.

수많은 외과수술도 시도하지 못할 겁니다. 감염이 두려우니까요. 이
런 경우 항생제는 말 그대로 생명구원의 약입니다.

하지만 내성 역시 두려운 건 마찬가지고, 가능한 곳에서는 항생제
사용을 줄이는 게 좋겠죠. 항생제 사용을 줄일 수 있는 여지도 많습
니다. 수술하기 위해 병원에 입원하면 바로 팔에 링거 주사기를 꼽는
데, 여기엔 대부분 항생제가 포함됩니다. 감염이 된 상태가 아닌데도
말입니다. 이렇게 하는 이유가 있습니다. 병원 곳곳에는 병원 밖보다
병원균이 더 많아 병 고치기 위해 절개수술을 하면 오히려 병을 얻는
병원성nosocominal 감염이 생길 수 있기 때문이죠. 이를 예방적 항생
제 요법Prophylactic antibiotics이라고 하는데, 필요 없다는 지적도 많
습니다.[13] 감기, 인후염, 편도염 등으로 외래 의원에 가도 많은 경우

항생제가 포함된 약을 처방합니다. 치과에서 하는 발치와 임플란트
수술에도 상당한 항생제가 동원됩니다.

항생제는 왜 사용해야 할까요?

  항생제, 특히 광범위 항생제를 이처럼 광범하게 사용하는 데 따르
는 문제의 심각성에도 불구하고, 실제 항생제 사용 원칙에는 많은 미
비점과 문제점이 있습니다. 항생제를 왜, 언제, 어떻게, 얼마큼 사용
해야 하는지에 대한 일관된 원칙을 찾기 힘들다는 겁니다. 구체적으
로 볼까요?

  항생제는 왜 사용해야 할까요? 많은 분들이 "세균들의 박멸
eradication을 위해서"라고 답할 겁니다. 하지만 이것은 절반만 맞는
말입니다. 물론 항생제는 질병을 일으키는 세균을 죽이거나 생장을
억제하기 위한 약은 맞습니다. 하지만 질병을 일으킨다고 생각되는
모든 세균들을 박멸하는 것은 애초에 불가능합니다. 우리 몸은 원래
세균들과 함께 공존하는 통생명체holobiont이니까요(그림3).[14]

  예를 들어 잇몸이 통통 부었다고 해보죠. 아마 플라크(치태)라고
부르는 세균 덩어리가 너무 많아서 인체의 면역력이 감당할 정도를
넘어서서 부은 것일 겁니다. 항생제를 씁니다. 붓기가 가라앉고 좋아
집니다. 그렇다고 환자의 입안에 세균이 없어진 걸까요? 혹은 잇몸
염증을 일으키는 원인균으로 지목되는 진지발리스*P. gingivalis* 같은 세
균이 완전히 박멸된 걸까요?

  그건 불가능한 얘기입니다. 실은 진지발리스를 포함한 전체 세균

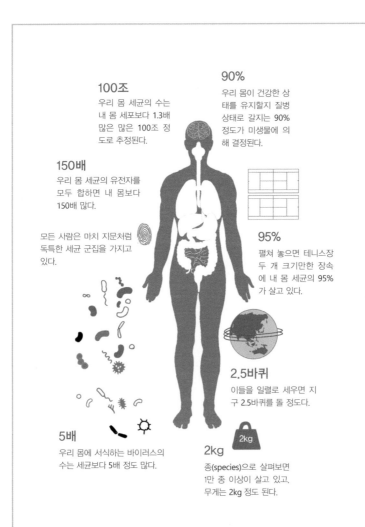

100조
우리 몸 세균의 수는 내 몸 세포보다 1.3배 많은 많은 100조 정도로 추정된다.

90%
우리 몸이 건강한 상태를 유지할지 질병 상태로 갈지는 90% 정도가 미생물에 의해 결정된다.

150배
우리 몸 세균의 유전자를 모두 합하면 내 몸보다 150배 많다.

모든 사람은 마치 지문처럼 독특한 세균 군집을 가지고 있다.

95%
펼쳐 놓으면 테니스장 두 개 크기만한 장속에 내 몸 세균의 95%가 살고 있다.

2.5바퀴
이들을 일렬로 세우면 지구 2.5바퀴를 돌 정도다.

5배
우리 몸에 서식하는 바이러스의 수는 세균보다 5배 정도 많다.

2kg
종(species)으로 살펴보면 1만 종 이상이 살고 있고, 무게는 2kg 정도 된다.

그림 3. 숫자로 본 우리 몸과 우리 몸 미생물[14]

우리 몸은 세균들과 함께 공존하는 통생명체(holobiont)입니다. 숫자로 보면 우리 몸에는 우리 몸을 이루는 세포보다 1.3배 많은 세균이 살고, 유전자는 150배가 많습니다. 세균을 비롯한 미생물을 빼고 우리 몸을 이야기하거나 건강과 질병을 다루는 것은 불가능하죠. 그래서 우리 몸을 미생물과 함께 공존하는 통생명체라고 하는 겁니다.

의 수가 대폭 준 것은 맞지만, 완전히 없어진 것은 아닙니다. 세균부담microbial burden이 인체가 감당할 정도로 낮아지니 증상이 좋아진 것이죠. 세균을 죽이는 항생제의 도움을 받아 세균의 양이 준 것은 맞지만, 최종적으론 우리 몸이 해결했다는 겁니다. 그래서 "일반적으로 세균 감염증은 염증소견이 없어지면 (세균의 완전 박멸이 아니라) 항생제를 끊을 수 있다."[15]는 거고요. 이것은 비단 잇몸병에만 해당되는 일이 아닙니다. 인후염, 편도염, 피부감염, 폐렴 등등 모든 감염에 대해서도 마찬가지입니다. 한 예를 볼까요.[16]

중환자실에서 인공호흡기로 인한 폐렴을 치료하기 위해 68명의 환자에게 항생제를 투여했습니다. 처음 시작할 때와 4일 후에 폐 흡인액tracheal aspirate에서 폐렴을 일으킬 수 있는 여러 세균들을 검사했고요. 그 결과를 정리한 것이 다음 페이지에 있는 〈표2〉입니다. 여기에서 항생제가 효과를 보여 치료가 된 환자들appropriate initial ATB을 대상으로 처음 시작했을 때와 4일 후 세균들을 검사한 결과를 비교해 보시죠. 치료가 잘 된 경우 4일 후에 처음보다 줄기는 했지만 해당 세균들이 여전히 발견됩니다. 심지어 스트렙토코쿠스 비리단스Streptococcus viridans란 세균의 양은 변화가 없습니다. 이 결과를 두고 여러 해석이 가능할 것입니다. 하지만 무엇보다 분명히 알 수 있는 것은 이겁니다. 세균이 완전히 박멸되는 것은 아니라는 거죠.

이 연구가 우리에게 알려주는 사실은 또 있습니다. 우리 몸의 염증 정도를 보여주는 CRP C-reactive protein 레벨이 중요하다는 것입니다. 항생제가 효과를 보여 폐렴이 치료된 경우와 항생제가 효과를 발휘하지 못해 사망한 경우를 비교해 보니, 생존자는 염증 정도가 낮아진 반면 사망자는 오히려 올랐다는 겁니다(그림4). 염증이란 감염에

병원균	치료 첫 날 n (%)	4일 후 n (%)
MRSA	10 (14.7)	3 (30)
MSSA	10 (14.7)	9 (90)
비발효 그램음성간균	24 (35.3)	14 (58.3)
Pseudomonas aeruginosa	16 (23.5)	11 (68.8)
Acinetobacter banmanii	3 (4.4)	2 (67)
Stenotrophomonas maltophilia	5 (7.4)	1 (20)
Enterobacteriaceae	16 (23.5)	12 (75)
Streptococcus viridans	3 (4.4)	3 (100)
Haemophilus influenzae	5 (7.4)	5 (100)

표 2. 항생제로 폐렴을 치료한 전과 후 세균검사 결과
치료를 시작할 때 여러 세균들이 검출되는 환자의 수와 비율, 그리고 4일 후 치료가 잘 된 환자들 중 여러 세균들이 검출되는 환자의 수와 비율을 보여주는 표입니다. 치료가 잘 된 환자들이라도 세균이 검출되는 비율이 줄기는 했지만 전혀 검출이 안 되는 것은 아닙니다. 심지어 스트렙토코쿠스 비리단스*Streptococcus viridans*는 줄지도 않았습니다.

대처하는 내 몸의 면역반응입니다. 말하자면 세균이 줄더라도 최종적으론 내 몸의 면역이 중요하다는 거죠.

21세기 들어 진행된 마이크로바이옴 혁명의 결과, 우리 대장에는 수천 종에 이르는 세균들이 38조 마리 정도까지 살고 있는 것으로 추정됩니다.[17] 건강한 사람의 폐나 호흡기에도 원래 세균이 살며, 입 안에도 1,000종에 가까운 세균들이 100억 마리 정도 살고 있다는 사실도 드러났죠. 이들은 보통때는 내 몸과 별 문제 없이 지내다가 내 몸의 면역이 약해지는 기회를 틈타 감염을 일으킵니다. 이를 '기

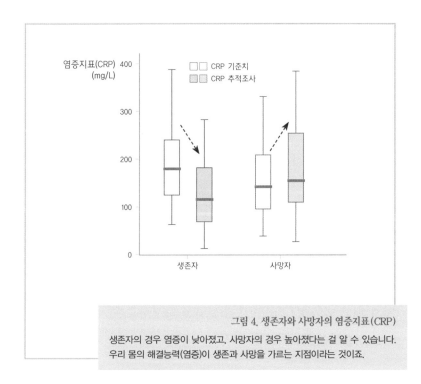

그림 4. 생존자와 사망자의 염증지표(CRP)
생존자의 경우 염증이 낮아졌고, 사망자의 경우 높아졌다는 걸 알 수 있습니다.
우리 몸의 해결능력(염증)이 생존과 사망을 가르는 지점이라는 것이죠.

회감염opportunistic infection'이라고도 하고요. 실은 내 몸에 살고 있는 모든 세균들이 기회감염균일 수 있습니다. 그러기에 세균을 모두 박멸하는 것은 애초부터 불가능하다는 거죠. 오히려 대부분의 상주 세균들은 항생제의 최소 사용으로 잘 돌보야만 합니다. 항생제가 건강한 장내세균을 파괴하는 주범이거든요.[18]

항생제는 언제 사용해야 할까요?

역시 많은 약사님과 의료인들이 세균감염병bacterial infection이 생겼을 때라고 답하시는 게 연상되네요. 당연한 답입니다. 하지만 이 역시 절반만 맞습니다.

물론 항생제는 세균이 일으키는 감염병이 생겼을 때 써야 합니다. 하지만 모든 세균감염병에 항생제를 쓰는 것은 아닙니다. 혹은 아니어야 합니다. 그 감염병이 확산되어 몸 전체의 건강과 생명을 위협할 때로 한정해서 써야 한다는 겁니다. 그 감염이 전체로 확산될지 아닐지를 판단하는 것이 어렵긴 하지만요.

예를 들어볼까요. 감기에 걸려 목이 퉁퉁 부었습니다. 이럴 땐 어떻게 해야 할까요? 원리적으로 보자면 항생제를 쓰기 전에 다음과 같은 것들이 판단되어야 합니다.

- 목이 부은 감기가 세균 때문인지, 바이러스 때문인지 확인해야 합니다. 바이러스는 항생제와 상관이 없으니까요.
- 세균 때문이라면 어떤 세균인지도 알아야 합니다. 그 세균을 죽일 특별한 항생제를 찾아야 하니까요.
- 그 세균에 적절한 항생제를 선택해야 합니다.
- 그 세균은 그 항생제에 이미 내성을 획득했는지, 안 했는지도 확인이 필요합니다. 내성을 획득했다면 약발이 안 먹히고 오히려 내성만 키울 테니까요.

어렵죠. 그래서일까요? 원리적으로 거쳐야 하는 저런 절차가 의료현장에선 대부분 생략됩니다. 동네 의원에서 이런 절차를 통해 감기 항생제를 처방받지는 않죠. 그냥 항생제, 그 중에서도 가능한 여러 종류의 세균들에 항균효과가 있는 광범위 항생제가 많이 처방됩니다. 그래도 증상은 좋아집니다. 바이러스에 의해 감염이 시작되었나 하더라도 2차적으로 세균에 의한 감염이 생기는 경우가 많고, 특정 원인 세균은 모르더라도 이놈 저놈 다 죽이는 광범위 항생제이니까 효과가 통한 겁니다. 과하게 얘기하면 아군과 적군이 싸우고 있는 전쟁터에 핵폭탄을 떨어뜨려 전쟁을 마감한 셈이죠.

더 나아가 애초에 저런 원리적 절차가 불가능할 수 있습니다. 환자가 폐렴에 걸렸는데 저런 모든 절차를 과학기재로 확인하려면 시간이 소요됩니다. 그런데 폐렴을 그냥 두면 더 진행되어 생명이 위독해집니다. 그러니 일단 항생제를 써야죠. 그게 바이러스 때문인지 세균 때문인지, 원인이 세균이라면 어떤 세균 때문인지, 그 세균이 내성을 획득했는지 아닌지는 시간적으로 보자면 나중의 문제로 밀립니다. 저런 원리적 절차는 미시적이고 차후적인 문제인 데 반해 (물론 절차를 통해 항생제의 종류를 바꾸어 선택되기도 합니다.) 폐렴은 눈앞에 놓인 지금 당장의 문제이니까요. 그래서 과거 의사들의 경험과 역학적 추정을 통해 효과가 높았던 항생제를 일단 투여합니다. 이를 '경험적 항생제 처방empirical antibiotics prescription'이라고 하죠.[15]

그래서 항생제는 의사들의 '경험'이 중요하지 않을 수 없습니다. 또 환자와의 신뢰가 중요합니다. 그 감염이 확산될지 아닐지를 판단하는 하는 것은 참 어렵우니까요. 세균과 내 몸 면역과의 씨름에서 어느 쪽이 이길지를 사전에 알기는 애초에 불가능한 일일 수도 있고요. 그래서 처음엔 환자와의 신뢰를 전제로 증상을 지켜보면서 항생제 처방 여부를 결정할 수밖에 없습니다. 처음부터 바로 항생제를 투여하는 게 아니지요. 앞에서 예로 든 감기로 인한 인후염이나 편도염, 또 가벼운 피부질환, 잇몸병 등은 대부분 전신적으로 확산되지 않기 때문입니다.

그럼에도 가벼운 감염에 항생제가 처방되는 경우가 많습니다. 전신적 확산 가능성이 거의 없는데도 말이죠. 그것도 광범위 항생제로요. 세계적으로 50% 가까운 항생제가 불필요하게 남용되고 있다는 지적이 나오는 것은 이 때문일 겁니다.

항생제는 어떻게 처방되고 사용되어야 할까요?

가장 이상적인 것은 특정 감염을 일으키는 특정 세균을 타깃팅해서 그것만 족집게처럼 꼭 집어 죽이는 항생제를 사용하는 것입니다. 하지만 애초에 그것 역시 불가능한 일입니다.

일단 특정 감염의 원인이 특정 세균이라는 직선적 구도의 질병이론이 폐기되고 있습니다. 예를 들어 20세기에는 잇몸병은 AA*A. actinomycetemcomitans*나 진지발리스*P. gingivalis* 같은 세균이 만든다고 생각했습니다. 건강한 사람의 폐는 무균의 공간이다가 폐렴균*S. pneumonia* 같은 것이 침범하면 폐렴이 생긴다고도 생각했고요. 피부감염은 포도상구균, 장염은 대장균…… 하는 식이었습니다. 말하자면 특정부위 감염은 특정 세균이 (주로) 일으키고, 그래서 항생제는 그 특정 세균을 죽이기 위해 사용한다는 거죠.

하지만 21세기 마이크로바이옴 혁명은 이런 모든 단선적 지식이 수정되어야 함을 보여줍니다. 건강한 사람의 폐에도 정상적으로 세균이 삽니다. 입안에 살던 상주세균들이 호흡과 함께 미세흡인되어 목뒤(인후)를 거쳐 폐로 들어가 똬리를 틉니다. 어찌 보면 늘 호흡을 통해 외부와 접촉할 수밖에 없는 공기통로와 폐에 세균이 살 수 없다는 오래된 도그마가 무지한 발상이었던 거죠.

그렇다면 감염은 왜 생기는 걸까요? 두 가지입니다. 원래 살고 있던 상주세균들의 군집에서 균형이 깨졌거나, 상주세균과 내 몸의 균형이 깨졌을 때 감염이 시작되는 거죠.

앞에서 말했듯이 우리 대장 속에는 38조 정도의 세균이 삽니다. 해서 똥을 말려 보면 그 중 40% 정도가 세균입니다. 어마어마한 양이죠. 이 많은 세균이 내 몸에 사는데도 왜 나는 아무 문제 없이 사는 걸까요? 역시 두 가지입니다. 38조 마리 세균 군집의 균형이 유지되고 있기 때문이고, 상주세균과 내 몸의 균형이 유지되고 있기 때문입니다.

해서 감염에 대한 질병이론이 바뀌어야 하고, 실제로 바뀌고 있는 중입니다. 질병의 원인으로 특정세균을 지목하던 것에서 세균 군집의 균형과 불균형에서 질병의 원인을 찾는 것으로요. 또 나와 세균을 구분separation하던 사고에서 보다 전체적으로holistic approach 통생명체holobiont인 내 몸의 건강을 돌보는 발상법으로 인식의 전환이 이루어지고 있습니다(그림5).[19]

그러면 과거 항생제 사용의 효과는 어떻게 설명할 수 있을까요? 감염이 생기는 원인에 대한 잘못된 이해에도 왜 항생제는 효과가 있었을까요? 그건 아이러니컬하게도 항생제 자체가 특정세균을 타깃팅할 능력이 없기 때문입니다. 의사들은 폐렴균을 죽이기 위해 항생

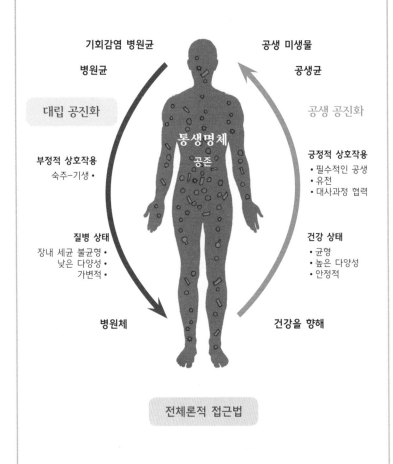

상주 미생물

기회감염 병원균　　　　　공생 미생물

병원균　　　　　　　　　공생균

대립 공진화　　　　　　　공생 공진화

통생명체
공존

부정적 상호작용　　　　　긍정적 상호작용
숙주-기생・　　　　　　　・필수적인 공생
　　　　　　　　　　　　・유전
　　　　　　　　　　　　・대사과정 협력

질병 상태　　　　　　　　건강 상태
장내 세균 불균형・　　　　・균형
낮은 다양성・　　　　　　・높은 다양성
가변적・　　　　　　　　・안정적

병원체　　　　　　　　　　건강을 향해

전체론적 접근법

그림 5. 미생물과의 공존
통생명체인 우리 몸의 건강은 우리 몸과 미생물의 공존에 의해 유지됩니다.
반면 그 공존이 깨지면 질병에 걸리는 것이고요.

제를 썼다 하더라도 실제론 폐의 세균 군집 전체의 양을 줄여 감염이 치료된 겁니다. 또 항생제를 통해 폐렴균을 모두 죽여 박멸했다고 생각했지만 실제론 폐렴균만이 아니라 세균 군집의 균형을 깬 여러 세균의 양을 줄인 겁니다. 세균부담bacterial burden이 우리 몸의 면역이 감당할 정도가 되니 감염병이 치료된 것이고요.

바로 그러기에, 항생제는 꼭 필요할 때만 최소로 사용되어야 한다는 겁니다. 역시 아이러니컬하게도 상주세균의 균형을 깨뜨리는 가장 중요한 변수가 바로 항생제를 포함한 약들이니까요. 또 항생제를 쓰더라도 가능한 항균범위를 줄인 항생제를 쓰는 것이 맞습니다. 광범위 항생제는 이것저것 광범위하게 세균 군집의 균형을 깨뜨리는 핵폭탄 격이고, 그만큼 항생제 내성의 위험도 크기 때문입니다.

하지만 현실은 이와 반대입니다. 광범위 항생제가 가장 많이 쓰이고, 전체 사용 항생제 중 광범위 항생제 비중이 높아져만 갑니다. 그러면 항생제 내성균의 종류도 많아집니다. 그러면 다시 더 넓고 더 쎈 항생제가 필요해지고, 이것저것 섞어서 함께 쓰는 복합항생제요법이 불가피해집니다. 그렇게 우리 시대에 인간과 세균 간의 군비경쟁이 치열해지는 악순환이 계속되는 것이죠.

항생제 얼마큼 그리고 얼마나 사용해야 할까요?

항생제 사용량과 기간에 대한 문제입니다. 제가 가장 많이 쓰는 항생제는 아목시실린입니다. 페니실린을 개량한 중범위 항생제이죠. 아목시실린은 시중 약국에 두 가지 용량이 준비되어 있습니다. 한 알

43

에 250mg인 것과 500mg인 것이죠. 항생제를 최소용량으로 최소기간만 쓰는 것이 이상적이지만, 현실은 그렇지 않습니다. 발치나 임플란트 수술 후 치과에서 처방되는 항생제는 대부분 500mg짜리입니다. 또 기간도 아예 처방하지 않는 경우부터, 열흘이나 심지어 2주에서 한 달까지 처방하는 경우까지 매우 다양합니다. 어떤 원칙에서 그럴까요? 실제론 원칙이 없습니다. 이것도 경험적 항생제 처방일 뿐입니다.

치과만 그런 것이 아닙니다. 심지어 생명을 위협하는 폐렴 역시도 항생제를 1주 이내 처방하는 경우나 1~2주 처방하는 경우나 결과에 큰 차이가 없는 경우가 많습니다. 심지어 작은 차이이긴 하지만, 폐렴에 항생제를 장기투여한 경우에서 사망률이 오히려 더 높은 경우도 있고요.[20]

이러니 의료 현장에서는 의사의 경험에 의존할 뿐입니다. 실제 의사들에게 항생제 처방 지침을 제공하는 한국감염학회의 가이드에서도, "많은 감염증에서는 치료기간이 확립되어 있지 않은 경우가 많아서 경험에 의존하여 치료기간을 설정하는 경우가 많"음을[21] 인정하고 있으니까요.

이럴 때 일선의 의사들이 선택하는 방법은 가능한 고용량의 광범위 항생제를 길게 처방하는 경향으로 기울 수밖에 없습니다. 감염치료를 위한 권한과 동시에 책임을 져야 하는 입장에서는 항생제를 처방하지 않거나 짧게 처방해서 생길 문제의 책임에서 자유롭고 싶은 것은 당연한 마음입니다. 명의 소리는 아니더라도 돌팔이란 비난은 듣지 말아야 병원 운영이 가능할 테니까요. 저 역시도 간단한 처치 후 항생제 처방을 하지 않은 후 감염이 생겨 환자로부터 거친 항의를 받은 적이 있었는데, 그럴 땐 고민이 되기는 마찬가지입니다. 보이지 않는 항생제 내성은 다수의 잠재된 공중보건 문제인 데 반해, 눈앞의 환자는 지금 바로 여기에서 제게 닥친 문제이니까요.

어찌되었든 항생제의 사용 이유, 방법 등에 대해 많은 고민과 수정이 필요해 보입니다. 쉽지는 않지만 수정의 방향은 분명해 보이고요. 항생제를 포함한 모든 약은 꼭 필요할 때만 최소로 사용해야 한다는 겁니다.

그리고 대안이 필요해 보입니다. 그 대안 가운데 제 눈에 띈 것이 바로 프로바이오틱스입니다. 세균을 죽이는 안티바이오틱스(항생제)와는 정반대의 방향으로, 상주세균을 도와 내 몸의 건강을 돌본다는 프로바이오틱스! 이것이 이 책을 쓰게 된 이유입니다.

누구를 위한 항생제일까?

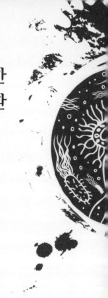

내 몸 미생물에 대한
발상의 전환

　항생제에 의존해온 미생물에 대한 태도가 바뀌어야 한다면, 어떻게 바뀌어야 할까요? 제게 가장 익숙한 공간인 구강을 예로 들어 설명해 보겠습니다. 이 부분은 구강미생물에서 구강을 빼고 그냥 미생물로 읽어도 거의 맞습니다. 미생물에 대한 발상의 전환이 필요한 것은 우리 몸 어느 부분에서나 마찬가지이니까요.

　구강에 세균이 많다는 것은 오래전부터 알려져 왔습니다. 1670년대 미생물을 처음 발견한 레이우엔훅이 스스로 만든 현미경에 처음 올려놓은 시료도 자신의 치아 치태(플라크)였죠. 우리 몸 전체에서 구강은 대장에 이어 두 번째로 밀집된 미생물 서식처입니다. 타액에는 1ml당 수백 종의 세균이 10억 마리 정도, 치태에는 1ml당 1,000억 마리 정도의 세균이 서식합니다. 대변 1ml당 세균 수와 비슷하죠. 그 외에도 치주포켓(이와 잇몸 사이의 미세한 틈), 구강점막, 혀, 편도 같은 구강의 다른 곳들 역시 종species이 조금씩 다르긴 하지만 미생물의 밀집 서식처랍니다.

20세기에는 이들 구강세균들이 충치나 잇몸병 같은 구강질환의 원인으로 지목되었고 그래서 박멸의 대상으로만 여겨졌습니다. 하지만 21세기 마이크로바이옴 혁명microbiome revolution은 입속 세균의 전혀 다른 면모에 주목하게 만들었습니다.[1]

예를 들어볼까요. 여기 치태가 있습니다. 입속 세균과 음식물 찌꺼기가 뭉친 덩어리죠. 그냥 눈으로 보자면 허연 치태일 뿐이지만, 현대 과학의 첨단 장비를 동원하면 다른 장면이 펼쳐집니다(그림1).[2] 이런 치태는 어떻게 만들어질까요?

기본적으로 치아의 든든한 표면이 세균에게 붙을 자리를 제공합니다. 플라크가 처음 형성되기 시작하고 점차 두터워지면, 플라크 안쪽은 산소가 희박해지죠. 그러면 안쪽은 혐기성 세균이, 바깥쪽은 산소를 좋아하는 호기성 세균이 증식합니다.

〈그림 1〉에서 보는 바와 같이 푸소박테리움Fusobacterium이나 코리네박테리움Corynebacterium, 보라색 같은 긴 막대 모양의 세균들이 치아에 먼저 자리를 잡아 다른 세균이 붙을 수 있는 뼈대를 제공합니다. 그러면 그 위에 연쇄상구균Streptococcus이나 헤모필루스Haemophilus 같은 공 모양의 세균coccus들이 그 뼈대에 의지해서 뭉쳐집니다.

치태가 점점 많아져서 잇몸염증이 진행되고 그 결과로 치주포켓이 깊어지면, 치주포켓 속 산소는 점점 희박해집니다. 그러면 거기에 진지발리스P. gingivalis 같은 혐기성 세균들이 많아집니다. 이들 혐기성 세균들이 내뿜는 독소들은 염증반응을 더 키우고요. 시간이 지나면서 점차 잇몸염증이 더 심해집니다. 말하자면, 치태라는 작은 세균덩어리 안에서도 세균들은 서로에게 환경을 제공하고 영향을 주고받으

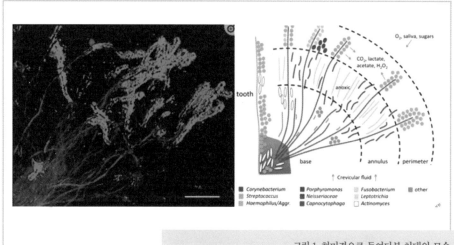

그림 1. 현미경으로 들여다본 치태의 모습
치아 표면에 막대 모양의 세균들이 자리를 잡으면 그걸 뼈대 삼아 공 모양의 세균들이 들러붙습니다. 치태의 크기가 커지면 안쪽에는 혐기성 세균이, 바깥쪽에는 호기성 세균이 증식하고요. 마치 세균이 만든 도시 같은 모습이죠.

며 상호의존적 구조structure를 형성한다는 것입니다.

구조만이 아닙니다. 치태 속 세균들은 기능function적으로도 상호 의존합니다.[3] 진지발리스는 잇몸염증을 만드는 대표적인 구강 유해균이지만, 혼자서 잇몸염증을 만들고 확대할 수는 없습니다. 선동자 역할은 진지발리스가 맡지만 추종하는 세력이 필요하죠. 레드콤플렉스red complex 세균으로 함께 묶이는 덴티콜라T. denticola, 포르시시아 T. forsythia, 푸소박테리움Fusobacterium 같은 세균들의 조력이 필요합니다. 이들 조력자들이 함께 있어야만 치주포켓 속 잇몸염증이 시작되고 깊어집니다.[4]

이런 선동과 조력의 관계가 만들어지는 이유는 영양소를 상호의존하기 때문입니다. 진지발리스가 단백질을 먹고 내보내는 물질(대사물질metabolite)을 추종자인 덴티콜라가 먹고, 그 역도 성립한다는 것입니다.[5] 물론 세균들이 이렇게 서로 먹이기만 하는 것은 아닙니다. 치태 안에서 세균들은 서로 신호를 주고받고quorum Sensing 서로 경쟁하며competition 서로 배척하고inhibition 심지어 서로 죽이기도 합니다. 그래서 평소에는 균형이 이루어져 아무 일도 일어나지 않습니다. 그러다가 진지발리스의 선동과 다른 세균들의 조력 관계가 활발해지는 환경이 만들어지면, 예컨대 치태가 제거되지 않고 계속 커지면 잇몸염증이 시작되고 심해지는 거죠.

구조와 기능에서 상호의존하는 것은 비단 치태에 있는 세균만이 아닙니다. 피부염증에서 나온 고름, 감기에 걸렸을 때 뱉어내는 객담, 잇몸 고름, 대변 속 등등에 있는 세균들은 모두 홀로planktonic 존재하지 않습니다. 서로 뭉쳐서 존재하고 그 구조 안에서 서로 영향을 주고받죠. 인간 군집과 별반 다르지 않습니다. 세균들이 만든 이런 구조를 바이오필름biofilm, 생물막이라고 하는데, '세균들의 도시city of microbes'로 비유됩니다.[6] 딱 맞는 비유죠. 인간이 사회를 형성하고 도시를 건설해 생존력을 대폭 높였듯이, 세균들 역시 자신들의 도시(바이오필름)를 통해 환경에 대응하며 진화해온 것입니다.

치태는 인체 전체의 바이오필름 중에 대표라 할 수 있습니다. 치태, 즉 구강 바이오필름oral biofilm은 하루 세 번 양치의 대상으로 늘 우리 일상 가운데 있습니다. 연구자들에게는 시료 채취가 쉬운 바이오필름이고요. 구강 바이오필름은 우리나라 사람들이 가장 많이 의료기관을 찾는 이유인 치주질환의 원인이기도 합니다. 구강미생물 중에서도 가장 많은 문제를 일으키는 치주포켓 속 바이오필름은 범

인류적 문제로 떠오르고 있는 항생제 저항성의 저장고 역할을 한다는 우려도 있고요.[7]

구강미생물,
어떻게 관리할까요?

구강미생물은 현재 774종이 발견된 상태이고 계속 업데이트되고 있습니다.[8] 인체 미생물 프로젝트와 함께 시작된 '인체 구강미생물 데이터베이스'는 774종의 구강미생물 중 58% 정도만 종 이름이 붙은 상태입니다. 나머지 16%는 배양은 되었으나 아직 이름이 붙지 않았고, 26%는 유전자는 검출되지만 배양 자체가 되지 않는 상태이고요. 아직 밝혀질 것이 많은 영역이죠. 이는 반대로 과거 배양에만 의존했던 20세기 미생물학의 한계를 여실히 보여주는 것이기도 합니다.

우리 몸의 다른 미생물들처럼 구강미생물 역시 일생동안 환경과 조응하며 지속적으로 변화합니다. 기본적으로 숙주인 우리의 유전자가 구강미생물 조성에도 영향을 주죠. 또 자연분만을 통해 세상에 나온다면 어머니 산도delivery route의 락토바실러스*Lactoacillus*가 구강에 먼저 자리잡을 가능성이 큽니다. 반면 제왕절개라면 어머니 피부에 있던 미생물이나 병원 환경 미생물들이 먼저 아기의 구강을 선점할 것이고요. 그 외에도 살아가는 동안 겪게 될 음식, 약물, 흡연, 스트레스, 당뇨나 고혈압 같은 전신질환 등이 구강미생물 조성에 영향을 미칩니다. 하지만 구강미생물에 영향을 미치는 가장 중요한 요소

는 구강위생 관리습관과 치주질환 유무임은 말할 나위도 없습니다(그림2).[9]

그럼 구강미생물을 어떻게 관리해야 할까요? 또 구강미생물을 관리한다는 것의 의미는 무엇일까요? 그리고 관리를 하면 치주질환을 예방할 수 있을까요?

21세기 미생물학의 혁명은 다른 모든 분야에서처럼 구강미생물 연구와 관리 영역에도 발상의 전환을 요구하고 있습니다. 미생물을

그림 2. 구강미생물의 조성에 영향을 미치는 요인들
자연분만으로 태어났는지 재왕절개로 태어났는지에 따라, 또음 식, 약물, 흡연, 스트레스, 당뇨나 고혈압 같은 전신질환 등의 영향을 받습니다. 물론 가장 중요한 요소는 구강위생 관리습관과 치주질환 유무이죠.

염증과 감염의 원인으로만 보는 데서 나와 공존하는 파트너로 보아야 한다는 근원적인 패러다임 전환이죠. 이는 앞서 말한 우리 몸을 통생명체holobiont로 이해하는 것과 같은 것입니다. 그럼 무엇이 바뀔까요? 구체적으로 크게 세 가지가 변화를 보입니다. 먼저 구강병의 병인론이 바뀝니다. 또 구강미생물 관리, 구강미생물의 의미가 바뀌고요. 하나씩 살펴보겠습니다.

구강병 병인론의 변화:
특정 세균에서 전체 미생물 군집의 균형과 불균형으로

잇몸병은 왜 생길까요? 20세기 치과학은 충치나 치주질환을 일으키는 원인으로 무탄스S. mutans, 진지발리스P. gingivalis 같은 특정 세균을 지목했습니다. 치태(플라크)를 배양해 보니 그런 세균들이 충치나 잇몸병 환자들에게서 많이 발견되었기 때문이죠.[10]

하지만 유전자 분석기법이 개발되면서 밝혀진 바에 따르면, 건강한 사람의 구강에서도 774종에 이르는 다양한 입속 세균이 존재하고, 이 세균들은 앞서 살펴본 것처럼 구조와 기능적으로 상호의존하며 나름의 안정과 균형을 유지하고 있죠. 또한 이들 세균들은 숙주인 우리 몸과 생태적ecological 균형을 유지합니다.[11]

그러다 치태가 우리 몸이 감당할 수 없는 지경까지 쌓여 세균부담bacterial burden이 커지면 우리 몸과의 생태적 균형이 깨지기 시작합니다. 또한 미생물 군집 안에서도 진지발리스 같은 선동자가 다른 세균들을 꼬드겨 미생물 군집을 뒤흔듭니다. 그러면 점차 군집 안에서도 불균형이 발생하고 동시에 우리 몸과의 불균형도 커지죠. 충치나 잇몸염증, 치주염 같은 질병이 발생하고 진행되고 확대되고요. 말하자면, 과거 무탄스나 진지발리스 같은 특정 세균의 영향으로만 생각했던 병인의 진면목은 여러 다양한 세균들이 모여 있는 군집 내에서의 불균형과 세균들과 우리 몸의 불균형이었다는 것이죠.[12]

이런 병인론의 변화는 비단 구강질병에만 그치지 않습니다. 장염, 폐렴, 피부질환 등등 모든 영역에서 그런 변화가 일어나고 있고, 또한 일어나야 하죠. 예를 들어, 과거 무균의 공간이라 생각했던 건강한 사람의 폐에도 구강에서 옮겨간 세균들이 상주합니다. 폐렴은 무균의 폐에 폐렴구균*S. pneumonia* 같은 특정 세균이 침범해서 생기는 것이 아니라, 원래 상주하고 있던 세균 군집 안에서의 불균형, 상주 세균과 우리 몸과의 불균형으로 결정된다는 것이죠.[13] 코로나19가 이를 증명합니다. 같은 코로나19 바이러스에 감염되었더라도 사람에 따라 증상이 크게 차이 나는 것은 미생물과 내 몸의 균형과 불균형에 따라 증상의 정도가 달라지기 때문입니다. 기저질환이나 나이 등이 증상에 영향을 미치는 것도 이 때문이죠.

구강미생물 관리:
안티바이오틱스에서 프로바이오틱스로

입속세균을 질병과 염증의 원인으로만 생각했던 과거에는 관리도 단선적이었습니다. 한마디로 박멸eradication이었죠. 이를 위한 솔루션 역시 화학적 계면활성제를 넣어 만든 치약부터 99.9% 살균한다는 가글액까지 단선적이었고요. 치과에서의 잇몸병 처치 또한 다르지 않았습니다. 안티바이오틱스항생제나 헥사메딘 같은 강한 항균제로 대처했죠.

하지만 이런 대응책은 일시적으로 세균의 부담을 줄여 증상은 완화시킬 수 있으나 장기적인 건강책이 될 수는 없습니다. 이것은 경험적으로도 알 수 있지만 이론적으로도 확립되고 있습니다. 화학적 계면활성제는 혀의 미뢰에 작용해 미각에 영향을 미칩니다. 쓴 맛이 나게 하는 거죠. 그뿐 아니라 점막세포의 장벽기능barrier function을 훼손하여 우리 몸과 미생물의 균형 유지에 악영향을 줍니다.[14]

구강세균을 99.9% 살균한다는 가글액이나 헥사메딘 같은 강한 항균제는 그 자체가 미생물 군집의 불균형dysbiosis을 의미하므로 사용을 자제해야 합니다.[15] 항생제 역시 일시적으로 증상을 완화하지만, 결국 재발을 막지는 못해 치주포켓 속 바이오필름을 항생제 내성의 저장고로 만들죠. 바로 이런 박멸을 내건 단선적 구강미생물 관리가 많은 약물과 치료에도 불구하고 우리나라를 포함해 범세계적으로 치주질환이 이상할 만큼 증가하고 있는 근본 원인일 것입니다.[16]

우리 몸 상주세균의 균형이 중요하고 구강병 병인론이 바뀌었다면, 일상에서나 진료실에서나 그에 대한 대응의 방향도 바뀌어야 합니다. 박멸과 살균 대신 공존과 균형으로, 다시 말해 안티바이오틱스에서 프로바이오틱스로! 건강한 미생물로 내 몸의 건강을 지킨다는 프로바이오틱스 발상법은 일상의 구강관리에도 유효하고 구강병 치료에도 유용할 것임은 분명합니다. 프로바이오틱스를 치주질환에 적용하려는 시도가 갈수록 많아지는 것도 이 때문입니다.[17,18]

하지만 아직은 부족합니다. 일상에서나 치과 진료실에서 발상의

건강한 미생물로 내 몸의 건강을 지킨다는 프로바이오틱스 발상법은 일상의 구강관리는 물론 구강병 치료에도 유용합니다. 우리 병원은 구강세균 검사와 더불어 프로바이오틱스 요법을 지속적으로 적용하고 연구데이터를 쌓아가고 있는 중입니다. 또 구강세균관리 포럼과 함께 치과계 내외에서 발상의 전환을 촉구하는 캠페인도 벌이고 있고요. 병원에 곳곳에 붙여놓은 이 포스터도 그 일환입니다.

전환은 이제 막 시작되었을 뿐이니까요. 일상화는 언제나 그렇듯 더디게 진행됩니다. 우리 병원은 구강세균 검사와 더불어 프로바이오틱스 요법을 지속적으로 적용하고 연구데이터를 쌓아가고 있는 중입니다. 또 구강세균관리 포럼과 함께 치과계 내외에서 발상의 전환을 촉구하는 캠페인도 벌이고 있고요(더 자세한 것은 2장 참조).

구강미생물의 의미변화:
'건강'의 시작, 입속세균 관리

20세기에는 구강관리나 구강병은 구강의 문제로만 한정지어 인식하고 대처하는 경향이 있었습니다. 거기에는 치의학이 의학의 일부이면서도 일정한 독립성을 유지해온 것도 한몫했을 것입니다. 하지만 21세기 들어 시작된 구강미생물에 대한 인식변화는 다른 말을 합니다. 전체 미생물의 관점에서 구강은 우리 몸 내부로 들어가는 입구라는 것이죠.[19,20] 미생물과의 공존과 균형이 우리 건강의 핵심이라면 구강건강이 전체 건강의 시작점이 아닐 수 없습니다.

구강은 음식과 공기의 입구일 뿐만 아니라 전체 미생물 입구입니다. 미생물이 몸속으로 들어가는 경로는 세 가지가 있죠. 소화기, 호흡기, 순환기입니다.

구강과 장이 해부학적으로 연결되어 있다는 건 누구나 압니다. 입으로 먹은 음식이 장을 통과해 항문으로 나오듯, 구강세균 역시 장을 통과해 대변 속에 섞여 나옵니다. 그 과정에서 관리되지 않은 구강세균은 소화관의 염증이나 심지어 암을 유발할 수도 있습니다. 예컨대,

21세기 마이크로바이옴 혁명이 가져온 발상의 전환은 일상으로 확대되어야 합니다. 구강미생물 관리가 그에 대한 하나의 루트를 제공할 수 있어 보입니다. 우리 몸은 미생물과 공존하는 통생명체라는 인식을 바탕으로 보다 생명친화적인 미생물 관리, 구강위생 관리를 기대합니다.

푸소박테리움 뉴클레아툼*Fubobacterium nucleatum*이라는 대표적인 구강 유해균은 대장암의 원인으로 이미 오래 전에 지목되었습니다. 심지어 대장에서 암을 일으키고 진행시키는 푸소박테리움이 구강에서 발견되는 것과 같은 종strain임도 밝혀졌으며, 대장암 예방을 위해 푸소박테리움 백신을 개발하고 있는 연구팀도 있습니다.[21] 그뿐이 아닙니다. 건강한 장내세균이 우리 몸의 면역과 인지기능에까지 영향을 준다고 합니다. 구강과 장을 잇는 구강–장 축Oral-gut axis이 의과학에서 주목받는 이유입니다. 그리고 그 시작점은 구강이고요.

호흡기로 미생물이 들어가는 입구 역시 구강입니다. 건강한 사람의 폐에도 상주세균이 있습니다. 구강세균이 미세흡인microaspiration으로 호흡과 함께 빨려들어가 폐에 똬리를 튼 거죠. 피부와 비슷한 코의 세균은 폐 상주세균에는 큰 영향을 주지 않습니다. 호흡기 중에서 코와 입이 합쳐지는 목구멍 안쪽의 구강인두oro-pharyx가 가장 세균이 밀집된 곳인데, 이 역시 구강에서 오는 세균들이 합류하기 때문이죠. 감기예방은 물론 코로나19나 폐렴 예방을 위해서도 구강–폐 축Oral-Lung Axis을 염두에 둔 적절한 구강미생물 관리가 중요한 이유입니다.[22]

순환기에서 혈관을 타고 들어가는 미생물 역시 구강세균이 흔합니다. 균혈증bacteremia을 일으키는 가장 흔한 세균이나 심내막염의 주범으로 꼽히는 비리단스 연쇄상구균*viridans streptococcus*의 출처 역시 구강세균입니다.[23] 특히 잇몸병이 있거나 잇몸에서 피가 나는 경우, 칫솔질이나 음식을 먹는 것만으로도 균혈증이 발생할 수 있으니 주의할 일입니다.[24] 또 구강에서는 치주포켓(이와 잇몸 사이 틈) 아래쪽의 세포간 결합이 반쪽짜리hemidesmosome라(163쪽 그림 참조) 쉽게 누수가 발생해 균혈증이 유발됩니다. 우리는 이런 누수의 위험성을 장누수leaky gut에 빗대 잇몸누수leaky gum로 개념화했습니다(3장 참조).[20] 그러기에 고혈압, 당뇨, 고지혈증 같은 만성 대사증후군만이 아니라 급성 심근경색의 위험요소를 관리하기 위해서도 적절한 입속 세균 관리를 권장합니다. 심지어 대표적 구강유해균인 진지발리스p. gingivalis는 혈관을 타고 돌며 치매의 위험요소가 되기도 합니다. 그래서 구강–뇌 축Oral-Brain Axis이 제안되기도 하죠.[25]

21세기 마이크로바이옴 혁명이 가져온 발상의 전환은 기초연구를 넘어 진료실로, 나아가 일상으로 확대되어야 합니다. 구강미생물 관리가 그에 대한 하나의 루트를 제공할 수 있어 보입니다. 우리 몸은 미생물과 공존하는 통생명체라는 인식을 바탕으로 보다 생명친화적인 미생물 관리, 구강위생 관리를 기대합니다.

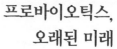

프로바이오틱스,
오래된 미래

프로바이오틱스란 무엇인가?

프로바이오틱스Probiotics는 한마디로 우리 몸에 유익한 세균을 보충해서 건강을 지키자는 발상에서 나온 것입니다. 학술적으로는 "적절하게 먹었을 때 숙주(인간, 동물)의 건강에 도움이 되는 미생물microorganisms that, when consumed in adequate doses or concentrations, can benefit the consumer's health"[1]로 정의됩니다. 한마디로 유익균이라 할 수 있겠죠. 물론 세균을 유익균이나 유해균으로 정확히 나누기는 어렵습니다. 그러더라도 프로바이오틱스의 발상법은 세균을 박멸해 내 몸을 지킨다는 안티바오이틱스와는 정확히 반대편에 서 있는 거죠.

우리 몸에 유익하다고 알려진 세균 가운데 가장 익숙한 것은 유산균Lactic Acid Bacteria입니다. 김치유산균처럼 산acid을 만들어서 유

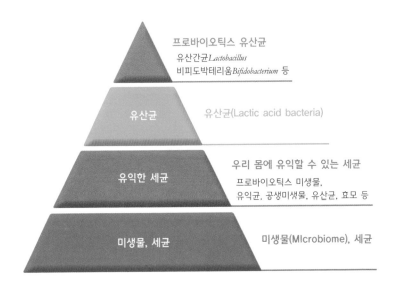

프로바이오틱스 유산균
유산간균 *Lactobacillus*
비피도박테리움 *Bifidobacterium* 등

유산균   유산균(Lactic acid bacteria)

우리 몸에 유익할 수 있는 세균
유익한 세균   프로바이오틱스 미생물,
유익균, 공생미생물, 유산균, 효모 등

미생물, 세균   미생물(MIcrobiome), 세균

산균이라는 이름이 붙었죠. 유산균 중에서도 유산간균(락토바실러스*Lactobacillus*)이 특히 우리와 가깝고 프로바이오틱스에도 많이 쓰입니다. 요구르트 만드는 세균이죠. 우유Lacto에 들어 있는 유당을 분해해서 산acid을 만들어 요구르트의 시큼한 맛을 만드는 주역입니다. 낙농의 역사가 긴 서유럽 쪽에서 우유를 보관하던 중 맛이 변해도(발효 혹은 부패) 어떨 땐 먹을 만하고(발효) 어떨 땐 먹지 못할 맛(부패)이 된다는 걸 경험적으로 확인했을 겁니다. 우유 맛을 이렇게 변형시킨 것이 세균이라는 건 나중에 밝혀졌고요. 참고로, 김치유산균 *Leuconostoc*은 우유와 상관없어 영어 이름에는 락토Lacto가 들어가지 않지만, 우리 말로 부를 때는 유산균이 워낙 익숙해 그냥 김치유산균으로 부르는 것뿐입니다.

유산간균 외에도 비피도박테리움*Bifidobacterium* 같은 세균도 대표적인 프로바이오틱스 유산균입니다. 다리fid가 두 개Bi인 것처럼 생겼다 해서 붙은 이름인데, 1899년에 젖먹이 아이의 대변에서 처음 발견되었다고 합니다.[2] 인간을 포함해 포유류의 대장에 상주하는 세균인 거죠. 이 역시 우유의 유당을 분해하고 식이섬유를 소화시켜 산을 만듭니다. 이렇게 만들어진 산은 장내 유해균을 억제하고 장내 환경을 개선할 수 있습니다. 해서 프로바이오틱스 원료 미생물로 많이 쓰입니다. 우리나라 식약처는 19종의 프로바이오틱스 미생물을 고시해서, 이것들을 가지고 프로바이오틱스 제품을 만들면 고시형 제품으로 인허가를 해주고 있는데, 그 대부분을 유산간균(락토바실러스)과 비피도박테리움이 차지하고 있습니다.

21세기 들어 프로바이오틱스 연구와 상품화가 많이 이뤄지면서, 이와 연관된 프리바이오틱스, 신바이오틱스, 포스트바이오틱스와 관련된 연구도 활발합니다. 일단 이런 용어와 개념을 정리하면 다음 페이지의 〈표 1〉과 같습니다.

유산간균을 예로 들어볼까요? 유산간균이 살아있는 생균Live bacteria이라면 프로바이오틱스, 죽은 사균dead cell이라면 포스트바이오틱스라고 합니다. 또 유산간균이 먹고 사는 우유는 프리바이오틱스, 우유와 유산간균을 합쳐syn놓은 요구르트는 신바이오틱스라 할 수 있고요.

표 1. 프로바이오틱스에서 포스트바이오틱스까지

용어	의미	예
프로바이오틱스 probiotics	우리 몸에 이로운 미생물 (주로 생균을 의미함)	락토바실러스, 비피도박테리움
프리바이오틱스 prebiotics	프로바이오틱스가 먹고 사는 성분 (증식되게 함)	산모 젖에 들어 있는 HMOs, 식이섬유
신바이오틱스 synbiotics	프로바이오틱스 + 프리바이오틱스	김치, 된장 외에 상품화된 신바이오틱스 상품들
포스트바이오틱스 Postbiotics	프로바이오틱스 미생물의 사균체 전체, 세균 성분, 발효 대사산물	단쇄지방산, 세균막 성분 등

프로바이오틱스의 출발,
발효음식

프로바이오틱스의 근원은 발효음식입니다. 현재 인간이 먹고 있는 음식 가운데 약 1/3이 발효음식이라 합니다. 된장, 김치, 홍어, 요구르트, 효모빵, 막걸리, 소주, 맥주, 와인 등등이 모두 미생물에 의한 발효의 산물들이죠.

그러면 우리 인간은 언제부터 발효음식을 먹었을까요? 이런 발효음식들과 동물 유전자를 추적 조합해 보면, 약 1000만 년 전부터 인간(원숭이)은 술(알코올)을 포함한 발효음식을 먹었다 합니다.[3] 진화적으로 호모사피엔스가 아프리카원숭이African Apes에서 분리되기도 전이죠. 그만큼 발효음식과 그 발효음식을 만드는 주역인 효모나 유산균은 '내 안의 우주'에 깊이 새겨진 공생 공진화 미생물입니다.

　인간이 발효음식을 더 많이 더 가까이하게 된 결정적 계기는 약 1만 년 전 농경의 시작이었을 겁니다. 농경과 정착으로 잉여 생산물이 생기고 그것을 보관하는 와중에 자연스럽게 발효를 경험하게 되었을 테니까요. 음식을 보관해 두었더니 자연에 살고 있던 다양한 미생물들이 붙어 그 음식이나 식재료를 해체한 거죠. 그 중에 곰팡이가 썩게 한 것, 달리 말해 부패한 음식은 먹어보니 배탈이 나서 이후엔 먹지 않았을 것이고, 효모가 만든 발효음식은 먹어보니 맛과 향도 괜찮고 속이 편안하며 씹기도 편해서 계속 먹었을 것입니다.

　그런데 실은 곰팡이와 효모는 같은 진균眞菌, fungus입니다. 다만 그

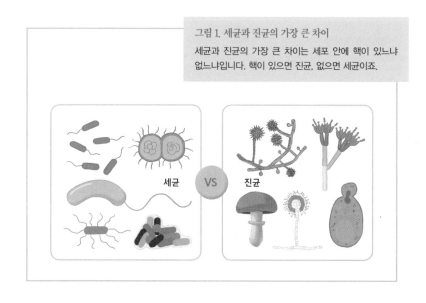

그림 1. 세균과 진균의 가장 큰 차이
세균과 진균의 가장 큰 차이는 세포 안에 핵이 있느냐 없느냐입니다. 핵이 있으면 진균, 없으면 세균이죠.

세균 VS 진균

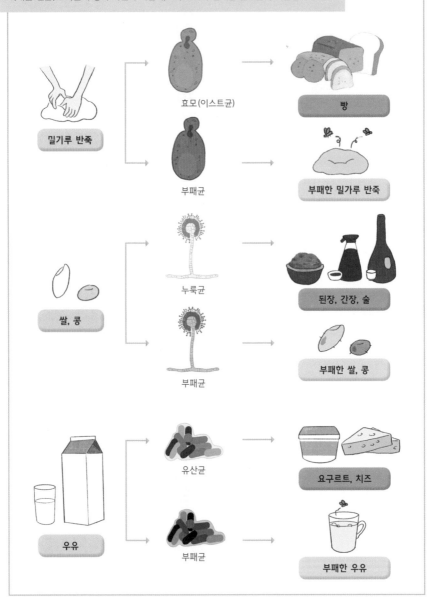

그림 2. 세균과 진균이 만드는 발효와 부패

대사산물로 산(acid, 유산lactic acid)을 만드는 세균들과 알코올(에탄올, ethanol)을 만들어내는 진균(효모)들이 빵과 와인과 막걸리, 요구르트와 김치를 만드는 주역들입니다.

밀기루 반죽

효모(이스트균)

빵

부패균

부패한 밀가루 반죽

쌀, 콩

누룩균

된장, 간장, 술

부패균

부패한 쌀, 콩

우유

유산균

요구르트, 치즈

부패균

부패한 우유

결과가 인간이 못 먹을 것으로(부패) 귀결되면 곰팡이고, 먹을 만하게(발효) 귀결되면 효모일 뿐이죠. 해서 부패와 발효는 화학적으로 보면 같은 것입니다. 거기에 참여하는 진균의 종류가 다르고, 그 결과가 인간과 관련해서 다를 뿐이죠(그림2).

세균細菌, bacteria 역시 마찬가지입니다. 자연에는 수많은 세균들이 있습니다. 우리 몸에도 수많은 세균들이 있죠. 이 세균들이 1000만년 전부터 혹은 그 이전부터 동물과 호모사피엔스, 이후 인간과 함께 공존共存, co-existance 공진화共進化, co-evolution해왔습니다. 그 중에서 세균이 먹고 난 이후 결과물(대사산물)로 유독 산acid(유산lactic acid)을 만드는 세균들이 과거부터 현재까지 인간과 공생 공진화하고 있고요. 이런 세균들이 알코올을 대사산물로 만들어내는 진균(효모)과 함께 와인과 막걸리, 요구르트와 김치를 만드는 주역들이죠.

유산균과 효모는 어떻게
인간과 공진화 공생하는 미생물이 되었을까

그럼 왜 알코올과 유산을 만드는 세균과 진균(효모)들이 '내 안의 우주'의 동반자로 자연선택natural selection되었을까요? 한 문헌은 크게 세 가지 이유를 듭니다.[4]

먼저, 항균능력 때문입니다. 알코올과 산에는 인간을 해칠 수 있는 병원균을 제어하는 항균능력이 있습니다. 우리 일상에서도 산과 알코올은 소독제로 쓰입니다. 코로나19가 한창 유행할 때 곳곳에 설치된 손 소독제가 다 알코올이었죠. 우리 몸 속에서는 강한 산인 위산

표 2. 대표적인 발효음식 김치와 막걸리

	김치	막걸리
주요 발효 미생물	유산균(세균)	효모(진균)
대사산물	산(acid)	알코올
의미	살균 장치, 인간과 공생 미생물 검색 장치	

acid이 가장 대표적인 소독제의 예가 될 수 있겠네요.

그런데 위산stomach acid처럼 강한 산이 왜 우리 몸에 있는 걸까요? 20세기까지만 해도 위산은 소화효소를 만드는 데 필요해서라고 설명했습니다. 산이 이런저런 과정을 거쳐 단백질 소화효소 펩신을 만드는 데 개입한다는 거죠. 하지만 이런 정도의 설명은 우리 살을 녹일 만큼(궤양) 강한 염산을 우리 몸 한가운데 품도록 진화한 이유를 해명하기엔 빈약합니다. 우리 입과 췌장 등에서도 많은 소화효소를 만드는 데 꼭 pH 2 정도의 강한 염산이 필요한 건 아니니까요.

실은 위산의 가장 중요한 역할은 살균입니다. 음식과 공기를 통해 우리 몸으로 들어오는 세균들을 살균해서 안전한 녀석들만 통과시키는 겁니다. 우리 몸에 있는 일종의 해자垓子, moat 같은 거죠. 가끔 그런 위산을 뚫고 장에까지 도달한 살모넬라Salmonella 같은 녀석들이 장염을 일으키긴 하지만, 그래도 위산은 매우 강력한 살균장치입니다. 결과적으로 그것을 통과해서 장까지 도달한 세균은 대부분 인간과 공생co-existance의 자격이 주어집니다. 그리고 그렇게 위산을 뚫고 장에 도달해 인간과 오랫동안 공생이 가능했던 세균들 중에는 유

산균이 많습니다. 스스로 산을 만드니까 산에 견디는 힘acid tolerance
이 좋았던 거죠. 그래서 위산을 통과하고 장에 도달해 정착할 수 있
었던 거고요. 또 그렇게 정착한 유산균은 대사산물로 산(단쇄지방산)
을 만드니 결과적으로 대장도 살균되고 인간의 면역도 좋아져 긴 공
진화co-evolution의 역사를 함께 써온 것이고요.

알코올 역시 오랫동안 일상생활에서 살균 역할을 했습니다. 와인
과 맥주의 유래 역시 깨끗한 물을 확보하기 어려웠던 유럽에서 알코
올로 정제한 안전한 수분을 확보하기 위해서였다고 하고요. 말하자
면, 알코올 역시 산과 함께 병원균은 살균하고 공생균을 검색하는 장
치였다는 거죠. 그리고 그런 대사산물(산, 알코올)을 만드는 미생물
이 공생미생물로 인간의 삶에 오랫동안 함께 한 것입니다. 발효식품
형태로요.

두 번째는 소화digestion 때문입니다. "익힌 것도 아니고 날것도 아
닌"[4] 발효음식은 효모와 유산균에 의해 식재료가 한번 해체된 상태
Pre-digestion입니다. 이것이 제가 우유는 못 먹지만(유당불내증) 요
구르트는 먹을 만하고, 밀가루를 먹으면 속이 불편하지만 효모숙성
빵은 그래도 좀 나은 이유일 겁니다. 배추 자체보다 김치가 더 부드
럽고 묵을수록 김치가 물러지는 이유일 거고요.

말하자면, 발효음식은 효모나 유산균에 의해 한번 소화된 상태라
우리 몸이 소화(해체)해내기가 더 쉽다는 겁니다. 그러면서도 칼로리
농도calorie density 면에서 더 효율적입니다. 발효 전 탄수화물은 그
램gram당 4칼로리를 뽑아낼 수 있지만, 발효를 거친 알코올은 7칼로
리를 제공하죠. 게다가 발효음식에는 효모나 유산균에 의해 탄소화
합물이 해체되면서 다양한 아미노산, 비타민 등이 포함됩니다.[5]

세 번째는 장내세균gut microbiome과의 관계 때문입니다. 발효음식은 그 자체로 장내세균의 먹이가 되어 장내세균 군집을 바꿉니다. 김치를 많이 먹으면 대장 속 상주세균 중 유산균이 증가하는 것은 당연하겠죠.[6] 발효음식 속 유산균이 장내에 안착될 뿐 아니라, 발효음식이 대장에 원래 살고 있던 상주세균 중 발효음식을 먹이(김치나 된장 속 식이섬유)로 삼는 세균 종류(유산균)의 증식을 돕는 겁니다.

그리고 그 장내세균들은 발효음식을 또 한번 해체하는 발효과정을 거지며 결과적으로 단쇄지방산을 만들어냅니다. 초산, 부틸산, 프로피오닉산 같은 단쇄지방산짧은사슬지방산, SCFA: Short Chain Fatty Acid은 산acid이기에 대장 속 병원균을 억제하고, 대장세포의 에너지원이 되며, 혈액을 통해 전신으로 흘러 면역증진에 기여합니다. 선순환이 이루어지는 거죠.

술 취한 원숭이

이렇게 인간은 오랫동안 발효음식을 가까이해 왔고 가까이할 수밖에 없었습니다. 그래서 인간이 술을 언제부터 가까이했을지 추정하는 데 '술 취한 원숭이 가설Drunken Monkey Hypothesis'이 설득력 있게 자리했습니다.[7] 가설의 내용은 이렇습니다. 숲속의 과일을 채집하던 원숭이(호모사피엔스)가 숙성된 과일을 먹게 됩니다. 거기에는 원숭이 스스로는 이름 붙이지 못했으나 알코올이 맥주 도수만큼 들어 있습니다. 그것을 맛본 원숭이들은 먹기도 좋고 기분도 좋아지는 이 과일을 더 기다리고 탐했을 것입니다. 실은 원숭이만이 아니라 너

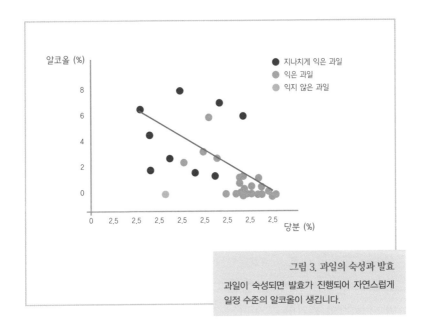

알코올 (%)

● 지나치게 익은 과일
● 익은 과일
● 익지 않은 과일

당분 (%)

그림 3. 과일의 숙성과 발효
과일이 숙성되면 발효가 진행되어 자연스럽게
일정 수준의 알코올이 생깁니다.

구리나 코끼리, 심지어 새들도 자연 발효술을 먹는다고 합니다.[8] 그런 자연의 경험이 호모사피엔스에게도 이어지며 아예 의도적으로 포도를 숙성시키는 와인이 탄생했을 것이라는 게 바로 '술 취한 원숭이' 가설입니다.

실제로 술의 유래가 그랬는지는 확인할 수 없지만, 분명한 것은 그만큼 인간과 발효음식의 관련이 길고 깊다는 겁니다. 해서 적당한 음주가 술을 아예 마시지 않거나 너무 취하는 것보다는 건강과 장수에 더 좋다는 얘기는, 그 '적당함'에 물음표를 남기면서도 수긍이 됩니다.[9] 한국의 대표 발효음식 김치가 우리나라 사람들이 코로나19를 잘 이겨내는 이유라는 세간의 평에 대해서도 정말 그랬으면 좋겠다는 바람이 보태지기도 하고요.

그러나 인간과 발효음식의 길고 깊은 인연은 현대 사회에 들어서면서 위협받습니다. 19세기에 발명된 냉장고는 자연스러운 음식보관 과정에서 체득된 발효를 우리 일상에서 밀어내고 있습니다. 또 거대 식품산업이 만들어 공급하고 갈수록 현대인들의 의존도가 높아져가는 가공음식들 역시 일부를 제외하곤 발효음식이기는 어렵습니다. 대규모 생산과 유통에 필수인 식품첨가물이나 보존제, 멸균과정은 효모나 유산균에게는 최악의 환경일 수밖에 없을 거고요.

그런 의미에서 최근의 프로바이오틱스는 선조들의 지혜를 재발견하는 것으로도 볼 수 있습니다. 인간과 오랫동안 진화해온 미생물에게 다가감으로써pro 내 몸의 건강을 돌보자는 발상법은 1000만 년 시간의 복기일 수 있다는 겁니다. 제가 우리나라 대표 발효음식 김치와, 우리 몸과 공진화해온 세균들에게 먹음직한 식이섬유를 듬뿍 제공하는 현미밥과 현미누룽지를 최애最愛 음식으로 꼽는 것도 같은 맥락입니다. '내 안의 우주'를 알아채고 받아들이는 각성일 수도 있고요.

김치와 동치미국물,
최고의 프로바이오틱스, 포스트바이오틱스

저는 장모님표 김치와 동치미를 좋아합니다. 그 자체로도 맛있지만 동치미국물에 말아먹는 국수는 정말 일품이죠. 돌아보니 예전엔 동치미를 그다지 즐기지 않았습니다. 마이크로바이옴 공부가 식성에도 영향이 준 듯합니다. 김칫국물이나 동치미를 최근의 의과학적 용어로 표현하자면, 포스트바이오틱스Postbioatics에 가깝거든요.

동치미나 김치 속에는 대표적인 김치유산균 류코노스톡Leuconostoc을 포함해 여러 유산균들이 있습니다. 거기에 배추나 무, 야채 양념은 프로바이오틱스 유산균의 먹이, 즉 프리바이오틱스가 됩니다. 프리바이오틱스는 김치 속에서나 김치를 먹은 우리 장에서 유산균의 증식을 돕겠죠. 해서 김치나 동치미 그 자체는 신바이오틱스라고 할 수 있습니다.

김치 속 살아있는 유산균 수는 보관방법이나 보관기간에 따라 달라집니다. 예를 들면, 일반냉장고 수준인 4℃로 30일 동안 발효시켰을 경우, 유산균 생균수는 10일과 15일 사이에서 최대치를 이룹니다(그림4).[10] 그후 증식이 더뎌지고 일부는 사멸해 갑니다. 시간이 지나며 신김치가 되어가는데, 유산균은 스스로 만든 산acid에 의해 자신도 생장을 억제당합니다. 시간이 갈수록 김치나 동치미에는 산acid과 함께 생균보다 죽은 유산균, 즉 사균dead cell, non viable bacteria이 많아지죠. 의과학 용어로 치면 포스트바이오틱스가 많아지는 겁니다.

그러니까 김치 속에는 프로바이오틱스(생균), 포스트바이오틱스(사균), 프리바이오틱스(식이섬유)가 모두 들어 있는 거죠. 그뿐만이 아닙니다. 프로바이오틱스 유산균이 만든 대사산물도 있습니다. 대표적인 것이 김치를 시게 만든 산acid입니다. 구체적으론 단쇄지방산SCFA, 그 중에서도 초산acetic acid이죠. 단쇄지방산은 지방산의 사슬이 짧다는 뜻인데, 프로바이오틱스 미생물이 만드는 대표적인 대사산물입니다.

표 3. 숙성기간에 따른 김치

프로바이오틱스와 그 부산물을 염두에 두면, 김치는 숙성
기간에 따라 다음과 같은 분류도 가능할 것입니다.

생김치	프리바이오틱스
1~2 주 발효	신바이오틱스
신김치, 묵은지	포스트바이오틱스

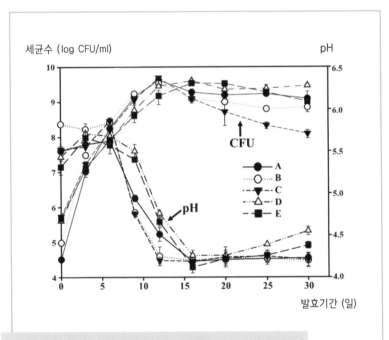

그림 4. 보관기간에 따른 김치 속 유산균 수와 산성도

김치 속 유산균 수는 보관방법이나 보관기간에 따라 달라집니다. 이 표는 일반
냉장고 수준인 4℃로 30일 동안 발효시켰을 경우, 유산균 생균 수와 pH를 보
여줍니다. 유산균 수(CFU)는 10일과 15일 사이에서 최대치에 이릅니다.

그럼 이렇게 생각해볼 수 있습니다. 신김치나 막걸리를 오래 보관해서 만드는 유기식초는 모두 신김치나 막걸리 속 유산균의 작품이라는 겁니다. 유산균이 만들어낸 결과물, 대사산물metabolite이라는 거죠. 이런 식초(초산)와 부틸산, 프로피오틱산은 우리 몸속 대장에서 프로바이오틱스 유산균이 만드는 대표적인 단쇄지방산들이기도 합니다. 이들 단쇄지방산은 산acid으로서 대장 속 유해균들을 살균하고(위산처럼), 장내환경을 개선하고, 장세포의 에너지원으로도 쓰이고, 혈액으로 흡수되어 면역증진에 기여합니다. 이것이 《푸드닥터》의 저자 한형선 약사님이 동치미 국물이나 발효식초를 최고의 음식으로 꼽고 권하는 이유입니다.[11]

신김치 속의 유산균 대사산물에는 단쇄지방산(초산)만 있는 게 아닙니다. 그 외에도 김치가 숙성, 발효되면서 유산균이 만든 수많은 비타민 등도 함유되어 있죠. 이를 모두 합쳐 포스트바이오틱스Postbiotics라 합니다. 말하자면, 포스트바이오틱스는 프로바이오틱스 미생물이 대사과정을 거친 후post에 프로바이오틱스 사균의 세포성분들에다가 단쇄지방산, 비타민 등의 대사산물이 더해진 물질이라 할 수 있습니다(그림5).[12]

이런 면은 비단 김치나 막걸리에만 해당되는 것은 아닙니다. 모든 프로바이오틱스에 해당되죠. 프로바이오틱스는 유통 보관 중에 상당비율의 생균이 죽습니다. 사균이 되는 거죠. 설사 유통 보관 중에 살아남은 생균을 섭취하더라도 위산에 의해서도 상당수 죽습니다. 위산은 매우 강한 산pH 2이고 이런 정도의 산에 견딜 수 있는 세균은 많지 않으니까요. 이건 스스로 산을 만드는 유산균에게도 매우 혹독한 환경입니다. 그래서 우리가 프로바이오틱스 생균을 먹더라도 실제 장에 도착해서 나름 대로 역할을 하는 것은 생균 일부와 사균, 대사산물입니다. 말하자면 '프로바이오틱스+포스트바이오틱스'라는 것이죠.

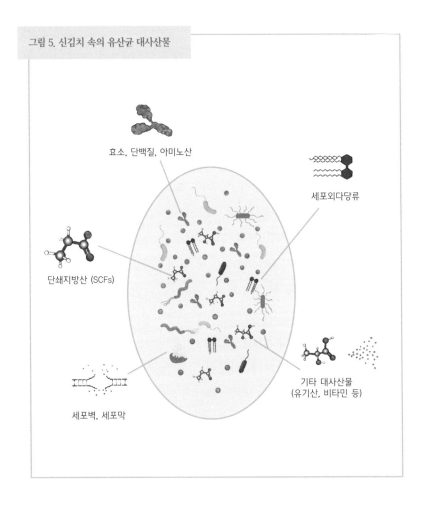

그림 5. 신김치 속의 유산균 대사산물

효소, 단백질, 아미노산

세포외다당류

단쇄지방산 (SCFs)

기타 대사산물
(유기산, 비타민 등)

세포벽, 세포막

프로바이오틱스 vs 포스트바이오틱스

이런 사실을 포함해서 몇 가지 이유로 프로바이오틱스 연구나 산업이 일정한 성숙단계를 지나며 포스트바이오틱스에 대한 관심이 높아지고 있습니다.

먼저, 프로바이오틱스 역시 세균이기에 '살아있는 세균생균'에 대한 부담 때문입니다. 아무리 인간과 공존 공진화 역사가 길고 우리 몸에 좋다 한들 그 역시 살아있는 세균이고, 살아있는 생명의 존재 목적은 무엇보다 자신의 생존과 번식입니다. 인간에게 유익함을 주기 위해 존재하는 것이 아니라는 거죠. 다만 세균 자신의 생존과 번식을 위해 먹고 산 결과물대사산물이 인간에게 유익하다는 것이 경험적으로 쌓인 것뿐입니다.

프로바이오틱스 유산균 역시 독립된 세균이다 보니, 인간과의 공생과 균형에서 어떤 일이 일어날지는 완전히 예측할 수 없습니다. 예를 들어 인간의 면역이 매우 취약해진 상태라면 아무리 인체에 유익한 유산균이라 해도 인간에게 반드시 유리하다고만은 할 수 없다는 거죠. 극히 드문 예이긴 하지만, 유산균에 의한 균혈증, 패혈증으로 생명에 위협받았다는 보고가 있기도 하고요.[13] 자연스러운 경험의 축적이 아닌, 모든 상황을 염두에 두고 싶어하는 과학자나 또 그래야 하는 의료인과 약사 입장에서는 프로바이오틱스 생균에 대한 심리적 부담이 있을 수 있다는 겁니다. 이에 비해 이미 죽은 사균체인 포스트바이오틱스는 부담이 없죠.

두 번째 이유는 포스트바이오틱스의 효과도 좋다는 겁니다. 호랑이가 죽으면 가죽을 남기듯, 세균도 죽으면 가죽을 남깁니다. 세포벽을 포함해 세균을 구성하고 있던 여러 성분들이죠. 예를 들어 유산균의 세포벽을 이뤘던 테이코익산teichoic acid도 항산화 효과나 면역조절 효과가 좋습니다. 또한 유산균이 만들어낸 단쇄지방산 같은 대사산물 역시 항균과 면역조절 효과가 생균에 비해 밀리지 않고요.[12]

세 번째는 포스트바이오틱스는 프로바이오틱스 유산균의 생균 숫자에 대한 의문의 여지를 없앱니다. 시판되는 프로바이오틱스는 수십 억에서 수천 억에 이르는 생균 숫자를 CFUColony Forming Unit라는 단위로 표시해 줍니다. 하지만 대부분이 허수입니다. 실제 프로바이오틱스 유산균이 목표지점인 대장까지 가서 기능을 발휘하려면 생산·유통·보관 과정에서도 잘 보존되어야 하고 무엇보다 섭취한 후 위산을 통과하는 동안에도 살아있어야 합니다. 하지만 그런 과정을 모두 통과하기란 아무리 스스로 산을 만드는 유산균일지라도 쉽지 않습니다. 그러면 설사 생균으로 프로바이오틱스 제품을 만들었다 하더라도 실제로 대장에 도달한 것은 사균일 수 있다는 겁니다. 그래서 아예 포스트바이오틱스로 연구하고 상품화하는 것이 더 깔끔할 수 있어서 연구자나 기업들에게 불필요한 고민을 없애준다는 겁니다.

멀어진 발효음식,
중성화된 똥

이야기를 다시 김치로 돌려보겠습니다. 앞에서 살펴본 것처럼 김치는 현대 의과학에서 가장 핫한 분야 중 하나인 프로바이오틱스와 관련된 모든 성분들을 함유하고 있습니다. 프로바이오틱스 연구를 세대별로 나누기도 하는데(그림6), 그런 세대 구분에 따르더라도 김치는 1세대부터 4세대까지 모두 포함하는 것이죠.

제가 가까이하는 막걸리도 마찬가지입니다. 막걸리 역시 효모를 비롯한 공생미생물의 작품이죠. 호모가 살아있는 생막걸리가 프로바이오틱스에 가깝다면, 살균 막걸리는 포스트바이오틱스에 가까울 겁니다. 생김치(겉절이)만이 아니라 묵은지도 맛있고 건강에 좋듯이, 생막걸리만이 아니라 살균 막걸리 역시 우리 건강에 유익한 프로바이오틱스 발상법과 성분을 담고 있다는 겁니다. 물론 과하지 말아야겠죠. 막걸리에는 알코올도 많으니까요.

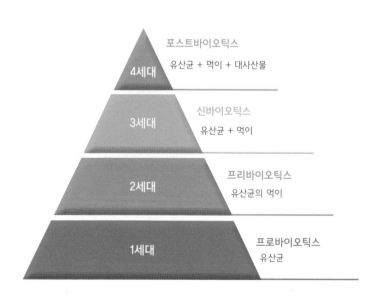

그림 6. 세대별 프로바이오틱스

예전 우리 부엌에는 발효음식으로 가득했습니다. 냉장고가 생기고 보관이 쉬워지면서 우리는 우리 몸에 좋은 발효음식과 점점 더 멀어지고 있죠.

19세기 냉장고의 발명 전까지 발효음식은 인간에게 가장 대표적인 음식이었습니다. 쌀, 밀, 옥수수 외엔 대부분이 정도의 차이는 있지만 발효된 음식이었을 겁니다. '익힌 것도 아닌 날것도 아닌' 이 기묘하고도 당연한 음식은 보이지 않는 미생물과 공존하는 우리 인간의 삶을 그대로 보여주는 것이었으며 그 자체로 자연의 일부였습니다(이에 대한 이야기는 다음 장에서 계속하겠습니다).

그러다 20세기 들어 거의 모든 가정에 냉장고가 들어오고, 대형 식품회사가 생기고, 심지어 가까운 편의점에서 10분 안에 먹고 싶은 가공음식을 살 수 있게 되면서, 자연스러운 시간이 필요한 발효음식은 우리 일상에서 점점 줄어들었습니다. 그 과정에서 우리 몸에 어떤 일이 일어났을까요?

제게 매우 인상적인 연구가 있는데요, 지난 100년 사이에 인간 똥의 산성도가 악화되었다는 겁니다(그림7). 우리 똥의 산성도는 얼마나 될까요? pH 6.6 내외라고 합니다. 중성pH 7에 가깝죠. 하지만 이 수치는 평균적인 수치이고 개인마다 다릅니다. 상대적으로 남성의 산도는 6.6 아래이고, 여성의 산도는 7.0 인근으로 더 높습니다. 또 무엇을 먹느냐에 따라 변의 산도는 달라집니다. 예를 들어 아예 채식만 하는 사람vegan의 경우는 6.2~6.3으로 평균보다 더 낮습니다. 식이섬유 섭취에 신경을 많이 쓰는 저도 직접 재어보았는데, pH 6 정도였습니다. 대장에서 식이섬유가 발효되며 단쇄지방산SCFA 같은 물질이 만들어져 상대적으로 산성이 되는 겁니다. 당연히 장내 미생물이 달라지기 때문이기도 하고요.[14]

그런데 100년 전 문헌을 뒤져보니 그땐 똥의 pH가 5정도였다고 합니다. 지난 1920년대의 기록에 의하면 아이들 똥의 산도가 평균

5.0 인근이었던 데 반해 지금은 6.5 부근이라는 것입니다. 산도가 1.5 변하는 것은 장내환경으로 보면, 특히 장내에 살고 있는 세균에게는 어마어마한 변화일 것입니다. 마치 인간에게 지구가 온난화되고 미세먼지가 심해지며 혹독한 환경이 되는 것에 비근할 만한 일일 테죠. 이 연구를 진행한 연구진들은 그런 산도의 변화가 아이들의 장에서 비피도박테리움*Bifidobacterium* 같은 유익한 유산균을 줄이고 클로스트리듐*Clostridium* 같은 기회감염균을 증가시켰을 것이라 추정합니다.[15]

대장 환경이 산성에서 중성으로 바뀌었다면 살균력이 떨어졌다는 것을 의미합니다. 세균 검색력도 떨어집니다. 환경이 바뀌니 그곳에

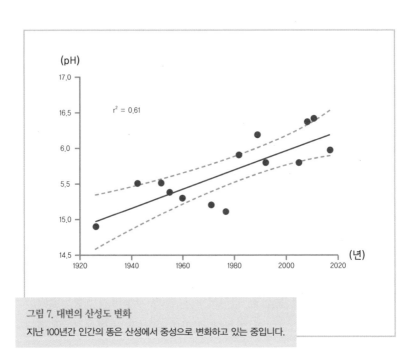

그림 7. 대변의 산성도 변화
지난 100년간 인간의 똥은 산성에서 중성으로 변화하고 있는 중입니다.

서 살아가는 세균의 종류도 바뀝니다. 39조 정도로 추정되는 세균 수는 그대로이더라도 세균 군집을 구성하는 세균의 종류가 달라진 다는 거죠. 상대적으로 인간과 공존하는 능력이나 유익함이 떨어지는 녀석들이 더 많이 살게 되었을 것이란 추정은 충분히 합리적입니다.

중환자실에 입원해 있는 환자 138명을 대상으로 똥의 산도와 사망률, 균혈증bacteremia의 관계를 본 연구 역시 인상적입니다.[16] 대변의 산도가 올라가 염기성(알칼리성)이 될수록 혈중으로 세균이 침투하는 균혈증의 빈도가 3.25배 높았고, 결과적으로 사망률도 2.46배 높았습니다. 대장의 환경이 염기성이 되면서 살균되지 못한 장내 세균들이 혈중으로까지 침투해 문제를 일으켰다는 추정이 가능합니다.

그 외에도 세균 군집의 변화가 변비나 대장암이 과거에 비해 훨씬 더 많아진 근본 이유일 수 있습니다. 해서 저는 주위에 늘 권합니다. 식이섬유가 많은 현미밥과 김치가 기본이 되는 식사를 최소한 하루 한 끼는 하라고요.

프로바이오틱스, 선조의 경험이 최신의 과학으로

프로바이오틱스는 우리 선조들의 공진화의 산물이고 오래된 지혜이기도 하지만, 21세기 가장 핫한 의과학의 주제이기도 합니다. 앞서 말했듯 수많은 개념과 이론이 쏟아져 나오고 있습니다. 의과학 논문을 검색해주는 펍메드Pubmed나 구글 트렌드에 프로바이오틱스를 검색어로 넣어보면, 그 숫자의 증가속도에 놀라실 겁니다(그림8).

21세기 화려한 조명을 받고 있는 프로바이오틱스 미생물의 존재와 가능성을 가장 먼저 주장한 과학자는 20세기 초 메치니코프Élie Metchnikoff입니다. 우리나라 유산균음료 상품명으로 광고에도 등장하기도 했죠. 지금부터 120년 정도 전에 메치니코프는 불가리아 농민들의 소박한 삶과 음식과 그들의 장수에 연관이 있음을 포착합니다. 당시 불가리아 농민 중 많은 사람들이 가난했지만, 단순하고 명정하고 소박한 삶으로 100살 너머까지 살았다 하거든요. 그 중에서도 메치니코프가 주목한 것은 그들이 먹는 유산균이었습니다. 유산균이 대장 속 자가독소autotoxin 혹은 부패를 상쇄시켜 장수하게 된다고 믿은 것이죠.[18] 실제 메치니코프 본인도 많이 먹었다 하고요. 메치니코프는 심장마비로 갑자기 죽긴 했지만 평균수명 40세인 당시로선 꽤 장수한 70세까지 살았고요.

20세기 초에 메치니코프의 주장은 잠깐 유행하다가 사그라들고 20세기 내내 거의 잊힙니다. 아마도 항생제의 영향이 아니었을까 싶습니다. 폐렴균 같은 여러 병원균을 확실히 잡아주는 항생제 쪽으로 많은 과학자와 일반인들의 관심이 쏠릴 수밖에 없었을 테니까요.

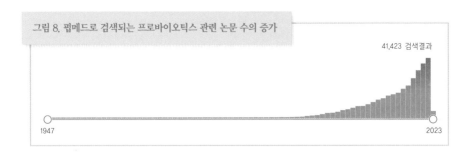

그림 8. 펍메드로 검색되는 프로바이오틱스 관련 논문 수의 증가

41,423 검색결과

1947 2023

그림 9. 톨스토이와 메치니코프(오른쪽)

1909년 메치니코프가 톨스토이를 방문했습니다.[17] 삶과 죽음에 대해 보다 물질적으로 접근했던 메치니코프에 비해 보다 영적으로 접근했던 톨스토이가 만난 것이죠. 이전에도 두 사람은 여러 글을 통해 상당히 격렬한 직간접 논쟁을 벌였고 이 방문에서 직접 토의했으나 차이를 좁히기 어려웠다고 합니다. 1828년생인 톨스토이는 이때가 81세였고 다음 해인 1910년에 사망합니다. 1845년생인 메치니코프는 이때가 64세였고 1915년에 심장마비로 사망합니다. 당시 평균수명이 40세 안팎이었으니 두 사람 다 장수한 셈이죠. 인간의 삶과 노화와 장수에 대해 보다 물질적 혹은 과학적으로 접근하고 또 프로바이오틱스라는 구체적 해법까지 제시했던 메치니코프보다 영적인 면을 추구했던 톨스토이가 더 장수했던 점이 인상적이기도 합니다.

그래도 메치니코프의 발상법을 더 많은 연구로 상품화까지 한 기업이 있었으니, 바로 1930년대 일본의 야쿠르트란 회사입니다.[19] 우리나라에도 한국야쿠르트가 있죠. 락토바실러스 카제이 스히로타 *Lactobacillus casei Shirota*라는 유산균으로 상품화된 야쿠르트 음료는 제가 어렸을 적부터 건강에 좋은 대표적인 유산균 음료로 통했습니다.

그러더라도 프로바이오틱스라는 개념과 그에 대한 연구, 나아가 상업화가 대폭 확장된 것은 21세기 들어서입니다. 얼마 되지 않은 시간입니다. 돌이켜보면 프로바이오틱스란 말 자체가 10여 년 전만 해도 이렇게 일상에까지 깊숙이 들어올 것이라는 예측은 쉽지 않았을 겁니다.

21세기 들어 프로바이오틱스 개념이 대폭 확장된 것은 다름 아닌 마이크로바이옴 혁명 때문입니다. 마이크로바이옴은 미생물을micro 유전자 분석biome으로 정체를 밝히는 것, 혹은 그렇게 밝혀진 미생물을 의미합니다. 과거엔 미생물을 영어로 마이크로오가니즘Microorganism이라고 했는데, 21세기에는 마이크로바이옴MIcrobiiome으로 부릅니다.[20] 과거에는 인간을 포함한 생명의 유전자를 염색체Chromosome라고 하다가 요샌 게놈genome이라고 부르는 것과 같은 경향입니다.

마이크로바이옴은 1990년대 진행된 '인간게놈프로젝트' 과정에서 대폭 발달한 유전자 해독기술을 미생물 유전자 분석에 이용한 결과입니다. 제가 치과대학에 다닐 때만 해도 입속세균의 정체를 밝히려면 배양에 의존했는데, 지금은 유전자 해독기술을 이용합니다. 그 결과 배양에만 의존하던 시절에는 몰랐던 아주 많은 종류의 세균들이 어마어마한 양으로 몸 곳곳에 살고 있다는 것을 알게 되었죠. 그래서 대장에는 수천 종의 세균 39조 마리가, 구강에는 1,000종 가까운 세균 수백억 마리가 원래 살고 있다는 것을 알게 된 겁니다.

그렇게 모락모락 피어오르던 마이크로바이옴에 대한 관심이 일반인에게까지 확장되는 계기를 마련한 연구가 있습니다. 2006년에 논문으로 발표된 연구인데요,[21] 마른 쥐의 똥을 정제해(장내세균) 사료에 섞어서 보통의 쥐에 먹이니 체중이 줄고, 뚱뚱한 쥐의 똥을 정제해 먹이니 뚱뚱해졌다는 것입니다(그림10).[22] 이 장면은 그간 염증과 감염을 일으키는 것으로 터부시되어온 (장내)세균이 체중 조절이나 면역을 포함한 우리 몸의 모든 기능에 결정적 역할을 하는 것이 아닌가 하는 의문을 열어주었고 관련 연구의 기폭제가 됩니다.

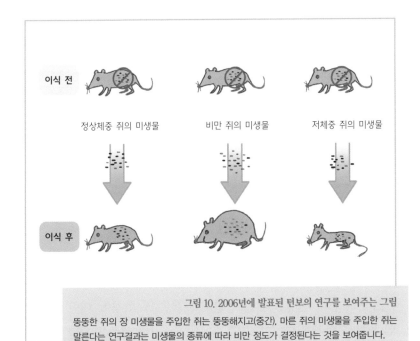

그림 10. 2006년에 발표된 턴보의 연구를 보여주는 그림 뚱뚱한 쥐의 장 미생물을 주입한 쥐는 뚱뚱해지고(중간), 마른 쥐의 미생물을 주입한 쥐는 마른다는 연구결과는 미생물의 종류에 따라 비만 정도가 결정된다는 것을 보여줍니다.

이런 연구를 기반으로 2008년 미국 국립보건원이 수억 달러를 투자해 시작한 것이 '인체미생물 프로젝트HMP: Human microbiome project'입니다. 지금도 진행중이고요.[23] 2012년에 발표된 HMP 보고서는 구강, 장, 피부, 여성의 질 등 인체 곳곳에 원래 수많은 세균이 살고 있다는 것을 아예 지도처럼 그림을 그려 보여줍니다.[24] 인체미생물 지도 초판이라고나 할까요. 이후 이 초판은 점점 다듬어지면서 정교해지고 있고, 미국인만이 아니라 전 세계인의 미생물 지도로 확장되고 있는 중입니다. 또한 미생물 종류가 당뇨와 같은 만성질환, 조산이나 사산 같은 임신의 문제, 변비·설사·복통 같은 장염과 어떤 연관을 가지는지 탐색중이고요.

인체 미생물 연구의 기폭제가 된 똥이식 연구는 2010년대 들어 많은 무작위 임상연구로 확대되었습니다. 우리 몸의 마이크로바이옴과 우리 몸이 어떤 관계인지를 보여주는 확연한 이정표라 할 만하죠.[25] 안티바이오틱스(항생제)를 남용한 결과 생긴 장염과 그로 인한 설사를 건강한 사람의 똥을 이식해 해결하니까요. 이제 항생제로 인해 발생한 장내세균의 불균형을 건강한 사람의 장내세균이 균형을 잡아주었다는 해석에 모두가 동의합니다. 그만큼 건강을 위해선 장내세균의 관리가 중요하다는 것이고요.

이런 연구를 바탕으로 2020년대 들어서는 건강한 사람의 똥 자체나 똥에서 추출한 특정 장내세균이 아예 신약허가까지 받기에 이릅니다.[26] 신약까지는 아니더라도 유산균, 유익균을 바탕으로 한 수많은 프로바티오틱스 제품이 쏟아져 나오고 있고요.

21세기 들어 진행된 이런 일련의 흐름은 우리 몸에 대한 원천적인 질문을 던지게 합니다. 건강, 나아가 존엄한 생존을 위한 정체성에 대한 질문이죠. 그리고 그에 대한 답으로 현대 의과학이 내놓은 것이 바로 '통생명체'입니다. 내 몸은 호모사피엔스일 뿐만 아니라 내 몸을 서식처 삼아 살아가는 수많은 미생물과의 공동체, 통생명체 holobiont라는 거죠.[27, 28] 그리고 그런 내 몸 미생물을 잘 돌봐야 내 몸도 건강하게 지킬 수 있다는 겁니다.

이것이 프로바이오틱스적인 발상법이죠. 안티바이오틱스를 줄이고 프로바이오틱스 가까이 해야 하는 근원적인 이유이기도 하고요.

2장

안티바이오틱스에서
프로바이오틱스로

안티바이오틱스에서 프로바이오틱스로의 인식과 행동의 변화는 쉽지 않습니다. 특히 생명을 다루는 의료 영역에선 보수적일 수밖에 없습니다. 그만큼 과거의 논리와 관성이 강고하고, 새로운 발상은 이제 막 시작하는 연약한 날개일 뿐입니다. 그렇다고 마냥 시작을 미룰 수는 없습니다.

- 우리 몸의 가장 중요한 면역을 지키기 위해서는 안티바이오틱 스를 줄여야 합니다.
- 살찌게 하는 약 항생제는 축산업이나 어류양식에도 많이 사용되는데 이 역시 줄일 수 있습니다.
- 암의 예방과 치료에도 프로바이오틱스가 사용될 수 있습니다.
- 안티바이오틱스가 꼭 필요한 중환자실에서도 프로바이오틱스가 그 부작용을 줄이고 치료효과를 높일 수 있습니다.
- 고혈압, 당뇨, 고지혈증에도 약을 줄이고 생활습관을 바꾸고 프로바이오틱스를 이용하여 건강을 유지할 수 있습니다.

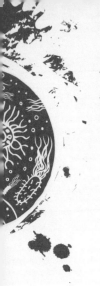

면역을 낮추는 안티바이오틱스,
면역을 높이는 프로바이오틱스

피부와 점막의 면역

한자로 면역免疫은 역병을 면하는 힘이라는 뜻이겠죠. 과학자들은 그 힘의 원천을 처음에는 백혈구leukocyte에서 포착했습니다. 백혈구의 일종인 대식세포macrophage가 꾸물꾸물 기어가서 세균을 잡아먹는 모습에서요.■ 프로바이오틱스라는 개념을 처음 포착한 메치니코프가 이런 장면을 포식작용Phagocytosis이라고 표현하며 그 중요성을 역설했죠. 그 공로로 1908년 노벨상을 받기도 했고요.

■ 대식세포가 세균을 잡아먹는 모습을 직접 확인해 보시죠. https://www.youtube.com/watch?v=438EovW4tzs&t=3s&ab_channel=NIAID

scan

실제 염증이 생긴 곳에는 이런 백혈구들이 많이 몰려옵니다. 또 처음 세균을 포식한 백혈구가 신호물질을 보내 다른 백혈구를 불러모으기도 하고요. "여기 문제가 생겼어!" 하면서요. 그래서 인터류킨interleukin이란 말이 탄생합니다. 백혈구leukocyte 사이inter의 신호물질이라는 뜻이죠. 피부에 상처가 나서 세균들이 그 틈을 비집고 안으로 들어오면, 거기에 상주하며 순찰을 돌던 백혈구(랑게르한스 세포Langerhans cell)가 이를 포착하고 마구 인터류킨을 만들어 주위에 뿌립니다. 그럼 혈액 속에 돌고 있던 백혈구들이 그 신호의 줄기를 타고 몰려옵니다. 함께 세균 퇴치에 나서는 거죠.[1]

그런데 시간이 지나면서 인터류킨 같은 신호물질이 비단 백혈구에만 있는 것이 아니란 걸 알게 됩니다. 우리 몸을 이루는 거의 모든 세포들이 신호물질을 만듭니다. 사이토카인cytokine이란 말을 들어보셨나요? 코로나19 감염병이 한창일 때 사이토카인 폭풍cytokine storm이란 말로 유명해졌죠. 사이토카인은 세포를 의미하는 사이토cyto와 운동을 의미하는 카인kine이 합쳐진 말입니다. 세포를 움직이게 하는 신호물질이란 의미죠. 백혈구의 신호물질인 인터류킨 같은 물질이 다른 많은 세포들에게도 있다는 것을 알게 되면서 의미를 확장한 겁니다. 현재 사이토카인은 인터류킨을 포함하여 200여 종류가 발견되었고, 현재도 발견되는 중입니다.[2]

생각해 보면, 비단 백혈구만 면역작용을 하라는 법은 없을 겁니다. 물론 백혈구가 방어작용에 특화된 세포인 건 맞지만, 실은 우리 몸은 모두 하나의 세포에서 분화되어 만들어진 것이니까요. 어머니의 난자와 아버지의 정자가 합쳐진 수정란이라는 하나의 세포, 동일한 유전자가 세포분열을 반복하여 인체를 구성하니까요. 백혈구나 심장세포나 잇몸세포나 모두 하나의 세포에서 출발했으니 각자 나름의 방어작용을 가지고 있는 게 맞겠죠. 진화적으로 세포 하나짜리 원시생명인 세균 역시 자신을 방어할 능력이 있으니까요.

백혈구를 포함해 우리 몸 세포는 모두 각자 나름의 방어능력을 가지고 있지만, 그 중에서도 방어능력이 특히 좋아야 하는 곳이 있습니다. 어디일까요? 바로 피부와 점막입니다.

우리 몸은 〈그림 1〉처럼 외부로 뻥 뚫려 있는 관tube과 같은 모양으로 단순화해볼 수 있습니다. 바깥은 피부skin로 덮여 있습니다. 안쪽은 점막mucosa으로 덮여 있고요. 점막은 구강에서 시작해 장과 항문까지, 코에서 시작해 상기도와 폐 조직을 덮고 있는 표면입니다. 아래쪽 요로생식기, 그 중에서도 여성의 질 점막도 중요하죠. 모두

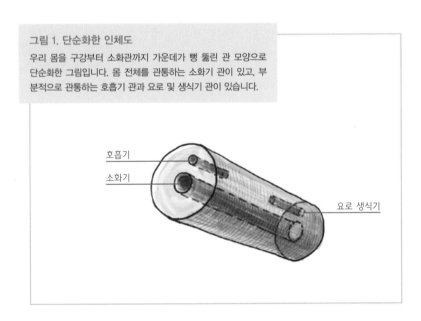

그림 1. 단순화한 인체도
우리 몸을 구강부터 소화관까지 가운데가 뻥 뚫린 관 모양으로 단순화한 그림입니다. 몸 전체를 관통하는 소화기 관이 있고, 부분적으로 관통하는 호흡기 관과 요로 및 생식기 관이 있습니다.

호흡기

소화기

요로 생식기

바깥으로 뻥 뚫려 외부 미생물이 늘 오가는 곳입니다.

이곳이 우리 몸 전체 면역의 많은 부분을 차지합니다. 특히 소장과 대장 주변은 전체 면역세포의 80%가량이 분포되어 있다고 합니다.[3] 우리가 면역을 중요시한다면 바로 이곳의 면역, 즉 점막면역mucosal immunity을 결코 소홀히 할 수 없는 거죠. 그런데도 우리 일상에서는 이 중요한 점막면역을 훼손시키는 일이 너무도 많습니다. 면역을 키운다는 약이나 건강식품조차 오히려 훼손하는 일도 흔합니다. 찬찬히 볼까요.

피부와 점막은 바깥과 안쪽에서 우리의 정체성을 지킵니다. 정체성identity을 지킨다는 것은 우리 몸과 외부 사이에서 흡수와 방어라는 두 개의 정반대되는 기능을 수행해야 한다는 걸 의미합니다. 인간을 포함한 동물은 스스로 에너지를 만들 수 없기에 외부로부터 영양소(소화관)와 산소(호흡기)를 받아들여 바깥으로 배출(소화관, 요로생식기)해야 하잖아요. 그러니 흡수와 방어를 동시에 수행해야 하는 피부와 점막은 특히 우리 몸에 살고 있는 미생물과의 평화와 공존이 중요한 곳이죠. 외부와 직접 접촉하는 피부는 물론이고 점막 역시 수많은 미생물들이 오가는 곳이니까요.

피부와 점막은 이렇게 기본은 같지만, 또 다릅니다. 일단 피부와 점막은 상피세포로 덮여 있습니다. 하지만 같은 상피세포라 해도 위치에 따라, 즉 피부에서 구강, 장까지 들어갈수록 방어와 흡수라는 상피의 이중적 역할 중 한쪽의 비중이 점점 커지거나 작아집니다. 반대로 다른 쪽의 기능은 그에 맞춰 작아지거나 커지는 거고요(표1). 예를 들어, 피부상피의 역할은 90%의 보호기능과 10%의 흡수기능(예컨대 로션의 흡수)을 수행한다면, 장상피의 역할은 10%의 보호기능과 90%의 소통기능(소화와 흡수)을 수행한다는 거죠.

해서 피부는 상피세포층이 두텁고 그 위에 각질층까지 덮고 있죠. 반대로 영양소 흡수를 많이 해야 하는 장 점막은 상피세포층이 한 겹으로 얇을 수밖에 없고요. 구강점막은 그 중간쯤 되어 상피세포층은 두텁되 각질층은 없거나 얇습니다. 그래서 구강에서는 장보다는 흡수가 느리지만 피부보다는 빠릅니다. 급하게 혈압을 낮추어야 할 때 혀 밑에서 녹여서 복용하는 실하 혈압강하제를 쓸 수 있는 이유죠.

더욱이 피부와 점막은 상피층 위에 또다른 물질을 코팅해서 보호막을 칩니다. 피지, 타액, 점액이 그것들이죠. 나이 드신 분들 중에 침이 마르는 구강건조증을 앓는 분들이 많습니다. 힘들죠. 물리적으로 침이 구강점막을 코팅해주지 못하니 입안이 텁텁하고 뻑뻑해서

	피부	구강 점막	장 점막
상피세포층	여러 층	여러 층	단일 층
각질층	두텁게 있음	얇거나 없음	없음
상피세포층 보호	피지	타액	점액
방어와 흡수 비율	방어(외부와의 단절)		소화, 흡수(외부와의 소통)

표 1. 피부와 점막의 방어와 흡수 전략
피부와 점막은 모두 상피세포로 덮여 있지만 위치에 따라, 즉 피부에서 구강, 장까지 들어갈수록 방어와 흡수라는 상피의 이중적 역할 중 한쪽의 비중이 점점 커지거나 작아집니다.

96

궤양도 많이 생깁니다. 또 침에는 라이소자임 등 항균물질이 함유되어 있는데 그게 없어지니 잇몸병도 잘 생기고요. 이것은 피부를 덮고 있는 피지나 장점막을 덮고 있는 점액도 마찬가지입니다. 물리적으로 상피세포층을 보호하고 항균물질로 미생물을 방어하는 거죠.

그게 다가 아닙니다. 피부와 점막에는 인간과 오랫동안 함께 공진화 공존해온 미생물도 있습니다. 우리 피부와 점막에서 먹고 살면서 병원균들과 경쟁하는 상주미생물들이죠. 이들은 먼저 자리를 차지해

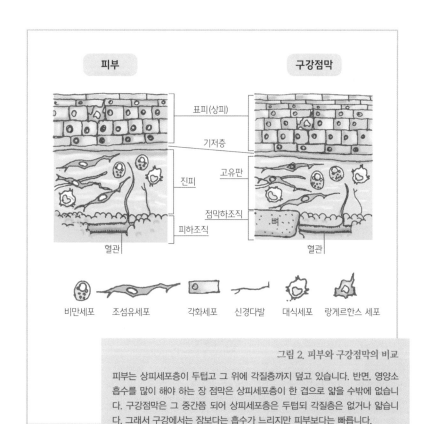

그림 2. 피부와 구강점막의 비교

피부는 상피세포층이 두텁고 그 위에 각질층까지 덮고 있습니다. 반면, 영양소 흡수를 많이 해야 하는 장 점막은 상피세포층이 한 겹으로 얇을 수밖에 없습니다. 구강점막은 그 중간쯤 되어 상피세포층은 두텁되 각질층은 없거나 얇습니다. 그래서 구강에서는 장보다는 흡수가 느리지만 피부보다는 빠릅니다.

표 2. 점막면역의 주역들

표 2. 점막면역의 주역들

우리 몸은 피부와 점막 안쪽에는 순찰자를 배치하고, 바깥에는 상주
세균을 키워 스스로를 보호하는 점막면역을 발달시켜 왔습니다.

상주세균들	바깥층
피지, 타액, 점액 (항균물질 함유)	
각질층	
상피세포층	
내부(근육, 결합조직, 혈관 등)에 순찰자들(백혈구 등 면역세포들) 배치	안층

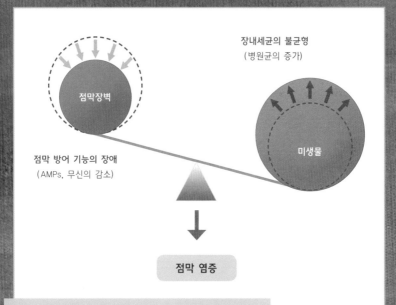

그림 3. 점막 염증 원인

장내세균 군집의 균형이 깨어져 병원균이 증가하고 우리 몸의 점막
방어 기능이 제대로 작동하지 않으면 점막에 염증이 생깁니다.

병원균이 침범해도 피부와 점막에 붙지 못하도록 방해합니다. 심지어 병원균을 죽이는 독성물질bacteriocin을 만들기도 합니다. 그렇게 미생물 군집의 균형이 잡히고 우리 몸과 상주미생물의 균형이 유지되면 점막면역도 유지됩니다. 반면 병원균이 더 많아져 미생물 군집의 균형과 우리 몸과 미생물의 균형이 깨지면 염증과 질병으로 가게되는 거죠. 미생물에 대한 이런 새로운 인식이 점막면역에 대한 새로운 인식으로 이어지는 계기가 되었고요.[4]

면역을 망치는 습관

이처럼 중요한 피부와 점막에서의 면역을 21세기에 사는 우리는 스스로 망치는 생활습관을 키우고 있습니다. 구체적으로 볼까요.

첫째, 계면활성제를 사용하는 겁니다.

계면활성제surfactant는 세정제의 주 성분인데, 두 물질의 계면surface을 활성화actant시키는 역할을 합니다. 서로 섞이지 않는 지방과 물을 섞어주는 거죠. 삼겹살을 구운 프라이팬을 물로만 설거지하면 안 씻기는데, 식기세척제를 쓰면 잘 닦이는 것이 거기에 들어 있는 계면활성제 때문이죠.

계면활성제는 1930~40년대에 처음 출연한 이후 석유에서 화학적으로 뽑아내게 되면서 값이 싸져서 청소나 빨래 등에 쓰였습니다. 그러다 점차 쓰이는 곳이 많아져 우리가 샤워할 때 쓰는 세정제, 이를 닦는 치약, 심지어 화장품에까지 들어왔습니다. 게다가 점차 여러 항균성분까지 추가되면서 항균제품들이 되었고요. 마트에 가면 수많은

거품 가득한 목욕은 즐겁지만, 목욕 후 몸이 건조하거나 가려운 적은 없었나요? 거품을 만드는 화학적 계면활성제가 점막면역을 망쳐 피부건강을 해치기 때문입니다.

세정제나 가글액, 치약 등이 항균력을 자랑하고 있잖아요. 바로 그런 제품들이죠.

그런데 이런 화학적 계면활성제는 점막면역을 해칩니다. 일단 맨 바깥에 있는 상주세균을 해쳐요. 계면활성제 역시 항생제처럼 그 자체로도 항균력이 있거든요. 또 계면활성제는 피부를 덮고 있는 피지(피부지방)도 씻겨 나가게 만들죠. 세정제로 열심히 피부를 밀면 피부가 뻑뻑해지는 게 이 때문이고요.[5] 치약도 마찬가지입니다. 화학적 계면활성제를 함유한 치약 역시 미각을 훼손할 뿐만 아니라 구강의 상주세균을 해치고 구강건조증도 더 만들죠.

피부에 계면활성제 사용을 자제해야 하는 이유가 또 하나 있습니다. 산성도 때문이죠. 앞서 이야기했듯, 산은 상주세균의 검색장치입니다. 그래서 우리 몸의 피부와 점막은 정도의 차이는 있지만 표면이 산성입니다(표3). 피부의 경우 pH 5 내외의 산성이죠. 그런데 계면활성제(비눗물)는 pH 10 정도의 염기성입니다. 그걸 너무 자주 쓰면 당연히 피부의 산성환경이 파괴되겠죠. 우리 피부에 있는 천연 검색장치를 스스로 파괴하는 일인 겁니다.

피부와 점막의 면역을 망치는 두 번째 습관은 식품첨가제, 특히 식품유화제가 들어간 가공식품을 자주 먹는 것입니다.

케이크를 좋아하시나요? 부드럽고 달콤한 케이크를 만들기 위해 반죽을 한다고 생각해 보죠. 부드러운 빵을 만들기 위해 버터와 우유를 섞어 밀가루를 반죽합니다. 그런데 버터와 우유는 잘 섞이지 않습니다. 물과 기름처럼요. 그래서 이 둘을 잘 섞이게 만들어주는 게 필요합니다. 그게 식품유화제Emulsifer입니다. 가정에서 빵이나 마요네즈를 만들 때에는 달걀 노른자가 천연유화제 역할을 합니다. 하지

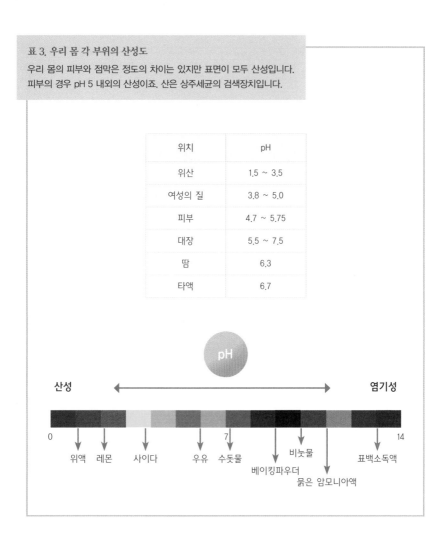

표 3. 우리 몸 각 부위의 산성도

우리 몸의 피부와 점막은 정도의 차이는 있지만 표면이 모두 산성입니다.
피부의 경우 pH 5 내외의 산성이죠. 산은 상주세균의 검색장치입니다.

위치	pH
위산	1.5 ~ 3.5
여성의 질	3.8 ~ 5.0
피부	4.7 ~ 5.75
대장	5.5 ~ 7.5
땀	6.3
타액	6.7

pH

산성   염기성

0   7   14

위액   레몬   사이다   우유   수돗물   비눗물   표백소독액

베이킹파우더   묽은 암모니아액

만 가공식품에는 화학적 유화제를 사용합니다. 이런 화학적 유화제
가 실은 거의 모든 가공식품에 들어갑니다. 부드러움과 달콤함을 위
해 식품회사들이 늘 쓰는 방법이죠. 그래서 원리상 식품유화제는 계
면활성제와 같습니다. 섞이지 않는 물과 기름의 표면을 활성화시켜

섞어주는 거니까요. 실제 화학적으로도 식품유화제는 계면활성제 중 하나로 분류됩니다.[6]

식품유화제가 장 속으로 들어가 하는 역할도 피부와 구강에서 계면활성제가 하는 것과 비슷합니다. 상주세균을 없애고 점액층을 파괴하죠. 실제로 동물실험에서 식품유화제의 역할은 분명하게 드러났습니다. 장내세균을 파괴하고 염증을 대폭 증가시켰죠. 그뿐이 아닙니다. 대장암도 만들고 암 조직의 크기도 더 크게 했습니다.[7] 제가 케이크처럼 부드럽고 달달한 음식의 유혹을 참지 못해 한입 먹은 날이면 내내 속이 불편했던 이유가 여기 있었던 거죠.

세 번째 습관은 항생제를 포함한 약에 너무 쉽게 의지하는 겁니다.

항생제는 세균을 잡는 약이니까, 우리 몸 경계면의 상주세균 군집 전체를 뒤흔드는 것은 당연합니다. 그런데 먹는 항생제만 생각해서는 안 됩니다. 상처가 나면 흔히 찾게 되는 연고도 모두 항생제가 포함되어 있으니까요. 물론 이 모두가 상주세균을 해치고요.

저는 틈나면 산행을 즐기기에 반바지와 가벼운 셔츠 차림의 여름 산행은 상처를 쉽게 만듭니다. 저의 무릎 아래 종아리는 흉터투성이고요. 그래도 전 나무나 바위에 긁힌 피부에 연고를 발라본 적이 없습니다. 그냥 물로 씻어줄 뿐이죠. 물이 없으면 침으로 씻어주거나 핥아주기도 합니다. 그래도 문제가 생긴 적은 없습니다. 제 몸과 피부세균의 평형이 유지되고 있는 거죠.

만약 제 피부에 항생제 내성을 가진 황색포도상구균이 있다면 어떻게 해야 할까요? 설사 그렇다손 치더라도 항생제 연고를 바르지 않는 것이 맞습니다.

제 피부에는 이미 항생제 내성균이 있을 가능성이 큽니다. 영국 통계이긴 하지만, 피부에 상주하는 포도상구균 중 약 3%는 이미 내성을 획득한 황색포도상구균MRSA: methicillin-resistant Staphylococcus aureus이라고 하거든요.[8] 항생제 내성이라는 범 인류적 문제가 지금 바로 여기 내 몸에 와 있는 겁니다.

거기에 항생제 연고를 바르면 어떻게 될까요? 내성이 없는 세균은 죽겠죠. 하지만 내성균은 살아남습니다. 그러면 항생제 내성균에 의한 중대감염병에 걸릴 가능성이 더 높아집니다. 경쟁자들이 없어진 내성균이 더 증식할 테니까요.

항생제만이 아닙니다. 우리가 흔히 먹는 다른 약들도 장내세균에 좋지 않습니다.[9] 염증을 억제하는 진통소염제나 속쓰림에 먹는 위산억제제(양성자펌프억제제PPI: Proton Pump Inhibitor) 같은 약은 물론, 대표적인 항고지혈증 약인 스타틴statin 같은 것들도 모두 장내세균 군집의 평형을 뒤흔듭니다. 진통소염제나 위산억제제, 스타틴 같은 약들은 세균이 아닌 우리 몸의 면역이나 기능을 조절하는 것입니다. 그런데 이런 약들이 우리 몸의 장내세균 군집까지 흔든다는 것은 의외의 발견이었죠.

예컨대, 진통소염제는 속을 쓰리게 합니다. 장 점막에 궤양을 만들기 때문이죠. 궤양은 말 그대로 점막의 상피세포가 떨어져 나가 방어벽이 해어져 버리는 겁니다. 면역에 좋을 리 없습니다. 속 쓰릴 때 자주 찾는 위산억제제PPI는 더 위험합니다. 속 쓰리게 만드는 게 위산이라서 위장세포가 위산을 아예 못 만들게 차단해 버리는 약이기 때문입니다. 그러니 위산억제제를 먹으면 당장은 속쓰림이 사라질지 모르지만, 우리 몸에서 가장 강력한 세균 검색장치도 없어지는 것입니다. 위산의 가장 중요한 기능은 음식과 공기를 통해 들어오는 세균을 살균하고 검색해서 공생세균을 기르는 것이니까요. 그걸 없애 버리니 장내에는 병원균이 훨씬 더 많아질 수밖에 없겠죠.[10] 그러면 구강의 병원균이 세균 검색장치를 거치지 않고 우리 몸을 통과해 똥으로 그냥 나오게 될 겁니다. 그 사이 소장이나 대장에서 좋은 일을 했을 리 만무하고요.

점막면역을 잘 관리하려면 이런 생활습관의 점검이 필요합니다. 우리 몸의 마이크로바이옴을 동반자로 받아들이는 프로바이오틱스 발상법이 필요한 거고요. 전 이런 걸 늘 생활화하려 노력합니다. 구체적으로는 다음과 같아요.

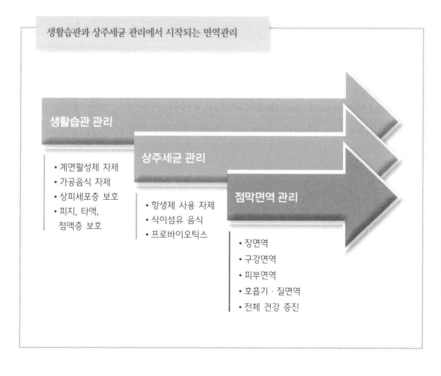

생활습관과 상주세균 관리에서 시작되는 면역관리

생활습관 관리
- 계면활성제 자제
- 가공음식 자제
- 상피세포층 보호
- 피지, 타액, 점액층 보호

상주세균 관리
- 항생제 사용 자제
- 식이섬유 음식
- 프로바이오틱스

점막면역 관리
- 장면역
- 구강면역
- 피부면역
- 호흡기·질면역
- 전체 건강 증진

1. 샤워는 가능한 물로만. 계면활성제 사용 자제.
2. 화학적 계면활성제가 없는 치약으로 양치.
3. 현미와 김치를 최애 음식으로. 장내세균 관리를 위해!
4. 건강검진 때 고혈압·당뇨·고지혈증 같은 만성질환 지표수치
   에 걸린 적은 있지만, 약은 멀리.

그래서일까요? 어렸을 적엔 약골 소리를 들었고 30대까지만 해도 철마다 독감으로 고생했는데, 최근 10여 년 동안 아파본 적이 없습니다. 코로나19도 쉽게 지나갔고요. 인명재천이라 앞으로 얼마나 건강하게 살지는 알 수 없지만, 사는 날까지 이런 패턴을 유지하려 합니다. 매일 새 아침을 감사하면서요.

스스로 치유하는 우리 몸을 믿어보세요

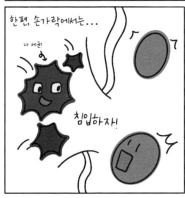

축산과 수산양식에서
항생제는 살찌우는 약

안티바이오틱스에서 프로바이오틱스로의 전환은 축산업과 수산양식업에도 확장되어야 합니다. 세계적으로 현재 안티바이오틱스는 병원에서보다 축산업이나 양식업에서 더 많이 사용되거든요. 3:7 정도의 비율이죠.

항생제는 살찌우는 약입니다. 소나 돼지, 닭의 사료에 항생제를 섞어주면 같은 사료라도 살이 더 찝니다. 양식하는 어류도 마찬가지고요. 심지어 인간도 그렇습니다. 항생제를 자주 먹는 아이들이 같은 것을 먹어도 더 비만해집니다. 어렸을 적 항생제를 많이 먹은 아이들은 크면서 비만해질 가능성이 크고요.[1] 장내세균은 우리 몸의 에너지 대사에도 중요한 역할을 하는데, 비만은 항생제에 의해 틀어진 장내세균 군집의 예상치 못한 결과입니다.

애초에 축산이나 양식에서 항생제를 사용하기 시작한 것은 대량생산에 따라 생길 수 있는 전염병을 예방하기 위해서였죠. 하지만 살이 찌는 항생제의 '부작용'을 접한 축산업이나 양식업에서 항생제는 끊기 힘든 유혹일 겁니다. 세계적으로 축산이나 수산양식에 수의사 처방제도를 도입한 것도 이런 유혹에 대한 정책적 대응일 거고요. 하지만 우리나라의 경우, 2013년 수의사 처방제도 도입 후 항생제 처방이 잠시 줄었다가 다시 예전 수준으로 돌아갔다고 합니다(그림1). 인간과 더불어 동물이나 식물에도 상주세균을 건강과 존재의 동반자로 받아들이는 통생명체, 혹은 프로바이오틱스 발상법과 적용이 필요해 보입니다.

축산업과 양식업의 이해를 충족하면서도 안티바이오틱스의 부작용을 줄일 수 있는 방법은 없을까요? 다행히 프로바이오틱스가 그럴 가능성이 있어 보입니다. 유산균이나 효모를 이용한 프로바이오틱스 사료가 축산 동물의 감염을 예방하고 건강을 지킬 뿐만 아니라, 생산

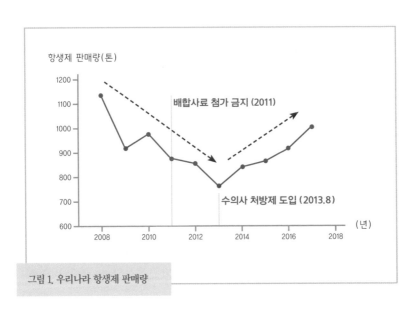

그림 1. 우리나라 항생제 판매량

인간과 더불어 살아가는 동물이나 식물에도 상주세균을 건강과 존재의 동반자로 받아들이는 통생명체, 혹은 프로바이오틱스 발상법과 적용이 필요합니다.

성도 증가시킬 수 있다는 겁니다.[2] 실제 우리나라에서도 프로바이오
틱스 사료 소비가 늘고 있다 합니다.

수산양식aquaculture에도 프로바이오틱스를 활용해볼 수 있습니
다.[3] 축산도 그렇지만 양식을 보면 인간의 도시화와 비슷하다는 생각
을 하게 됩니다. 광어를 예로 들어볼까요? 광어가 양식되면서 자연과
멀어지고 밀집해서 사는 모습이 도시화가 진행되며 자연과 멀어지는

표 1. 환경과 항생제, 프로바이오틱스가 상주세균에 미치는 영향

	어류	인간
상주세균	비브리오 포함한 환경에서 섭취한 세균들	연쇄상구균, 포도상구균, 대장균을 포함한 환경에서 획득된 세균들
양식 변화	양식에 의해 사육된 어류의 장내세균 다양성이 떨어지고 종류도 바뀜	도시화에 사는 아이들과 야생의 아이들의 장내세균이 다름
항생제	양식 어류의 상주세균 파괴, 환경파괴	상주세균 파괴, 환경파괴
프로바이오틱스 효과	항생제에 대한 반성과 상주세균 복원을 위해 사용 • 생장촉진 • 질병 저항성 증가 • 면역 건강증진 • 장내장벽기능 증강 • 장내세균 복원 • 수질향상	항상제에 의한 반성과 상주세균 복원을 위해 사용
나에게 주는 의미	양식보다 자연산	나 역시 자연으로

인간이 사는 모습과 닮았다는 거죠. 그러면 함께 공존해온 세균도 변합니다. 그러면 집단생활로 전염병에 더 취약해지고, 그에 대한 대응책이 항생제인 것이고요. 당연히 항생제 내성이 문제가 되겠죠. 이런 상황에서 프로바이오틱스가 하나의 대안될 수 있다는 겁니다.

비브리오*Vibrio*는 잘 알려진 세균입니다. 어패류에 살다가 우리에게 옮겨오면 식중독, 설사나 장염, 심지어 패혈증까지 일으키는 병원균이죠. 해서 포털에 비브리오를 검색하면, 모두 비브리오 식중독이나 패혈증을 걱정하며 어패류는 꼭 익혀 먹으라 권합니다.

하지만 알고 보면 비브리오는 바닷물에 상주하는 세균입니다.[4] 모든 바다 물고기들, 조개류, 동물성 플랑크톤에 살고 있고요. 비브리오는 짠 소금물을 좋아해서halophilic, 호염성 바닷물이 아닌 민물에는 못 산다고 합니다. 그게 회나 생굴처럼 익히지 않은 음식을 통해 우리 몸에 들어오는 거고요. 그럼에도 '익히지 않은' 어패류를 회로 먹는 걸 좋아하는 저를 포함해 많은 한국인들, 일본인들은 아무 탈 없이 살고 있습니다. 항생제를 사용해 키운 양식 어패류가 아닌 자연산 어패류 회에는 더욱 비브리오가 없을 수 없죠. 그런데도 우리는 자연산 어패류를 더 많은 돈을 지불하고 사먹습니다. 모두 우리 몸의 면역이 해결하기 때문입니다. 비브리오 식중독의 원인은 비브리오에 있다기보다 그것을 받아들이는 우리 장내세균의 균형, 그 장내세균 군집과 우리 몸의 균형이 깨지는 데 있다는 겁니다.

더욱이 바닷속 물고기는 비브리오 외에도 수많은 장내세균, 피부세균을 가지고 있습니다. 당연하겠죠. 바다 역시 토양과 마찬가지로 수많은 지구 미생물들의 보고이니까요. 그러니 물고기들 역시 우리 인간처럼 미생물과 함께 살아가는 통생명체holobiont인 것입니다.[3]

이처럼 자연스러운 어류와 미생물의 공생은 인간의 개입으로 크게 변할 수밖에 없을 겁니다. 한정된 공간에 양식되는 물고기들에게는 스트레스가 더 쌓일 텐데 먹는 것은 인간이 개발한 사료로 한정됩니다. 자연이 주는 다양한 먹거리는커녕 바닷물에 살고 있는 수많은 공생미생물의 섭취도 줄거나 없어지겠죠. 그러면 어류의 장내세균 다양성이 떨어지고 세균의 종류도 변합니다. 예를 들어, 같은 송어라도 식물성 사료를 주면 송어의 장내세균이 후벽균*Firmicutes*이 주를 이루는데, 물고기를 사료로 주면 주를 이루는 세균이 프로테오박테리아로 바뀝니다.[5] "먹는 것이 곧 나다I am what I eat"란 말은 우리 인간만이 아니라 물고기에도 똑같이 적용된다는 거죠. 또 다양한 생태계가 건강한 생태계이듯 다양한 장내세균 생태계가 건강한 점을 감안한다면, 양식 어류는 여러 감염에 훨씬 더 취약할 수밖에 없을 거고요.

축산업에서 그랬던 것처럼 양식업에서도 어류들의 전염병을 막고 물고기들의 성장을 촉진하기 위해 항생제를 사용합니다. 그리고 항생제는 이런 왜곡을 더 키우죠. 항생제는 단기적으로는 물고기의 생장을 촉진하고 감염병을 줄일 수 있을 것입니다. 하지만 시간이 지나면서 항생제 내성이 생기고, 그러면 항생제의 효용은 떨어질 수밖에 없죠. 게다가 양식업에서의 항생제는 물에 뿌려지는 것이라 다른 영역보다 해양 환경에 더 악영향을 줄 것이라는 우려를 낳습니다.

이에 대한 대안으로 프로바이오틱스가 양식업에서도 대두되고 있습니다. 우리 된장을 만드는 고초균이나 프로바이오틱스 유산균인 락토바실러스 등등이 사용됩니다.[3] 이런 프로바이오틱스가 양식 물고기에 미치는 긍정적인 영향은 우리 인간에게 나타나는 프로바이오틱스 유산균의 효과와 완전히 같습니다. 생장촉진, 장건강, 면역증진, 장벽의 방어기능 증강 등등이죠.

토양과 바다, 인체와 물고기는 엄연히 다른 환경과 조건이기에 우리 인간에게 사용되는 프로바이오틱스가 양식업에도 쓰일 수 있을지 없을지는 잘 알지 못하겠습니다. 그건 그 영역에서 한창 연구중이겠죠. 다면 그 발상법에 대해서는 다음과 같은 면에서 충분히 공감이 됩니다.

- 양식업이나 해양미생물학 분야에서도 어류를 공존미생물과 함께 살아가는 통생명체라는 인식이 전제되고 있습니다.
- 양식업이나 해양미생물학에서도 항생제 사용에 대한 반성과 발상의 전환이 진행되고 있습니다.
- 그에 따라 항생제 사용을 자제하고 어류의 건강에 이로운 생명 pro-biotics을 통해 어류의 건강을 도모함과 함께 해양환경을 보존하자는 움직임이 일고 있습니다.
- 이는 인간의 삶을 다루는 휴먼 마이크로바이옴Human Microbiome 분야에서도 똑같이 진행되고 있고, 변화의 속도를 높여야 할 방향이기도 합니다.

축산업에서나 양식업에서나 프로바이오틱스 사료는 아직 초기단계로 보입니다. 하지만 안티바이오틱스에 의존하던 데서 벗어나 프로바이오틱스로의 전환이 이루어지면 질수록 더 안전하고 질 좋은 육류와 어패류가 우리 식탁에 오르게 될 것입니다. 또 축산이나 양식에서 사용하는 항생제로 인해 지구 환경이 더 나빠지는 일도 그만큼 줄어들겠죠.

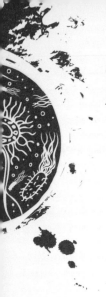

암 치료와 예방을 돕는
프로바이오틱스

암, 100만 명 시대가 되었다 합니다. 참 무서운 일입니다. 암을 극복하려는 노력이 다방면으로 이루어지고 있는 건 당연합니다. 우리가 살펴보고 있는 프로바이오틱스 역시 그 가운데 하나입니다. 프로바이오틱스나 그 발상법이 암의 예방과 치료에도 도움이 될 수 있기 때문입니다.

원리적으로 보면 모든 암의 예방과 치료에 프로바이오틱스가 도움될 수 있습니다. 하지만 지금 여기에서 모든 암을 다 살펴볼 수는 없습니다. 그 가운데 가장 많이 발생하는 암인 유방암, 폐암, 전립선암 정도만 살펴보겠습니다. 전립선이나 유방, 폐는 안티바이오틱스(항생제) 시절에는 무균의 공간이라 생각했다가 지금은 수많은 상주세균이 원래 살고 있는 곳으로 밝혀진, 발상의 전환지이기도 합니다.

유방암과 프로바이오틱스

최근까지도 건강한 여성의 유선과 같은 유방조직에는 세균이 살지 못한다고 생각했습니다. 그런데 유방조직에도 세균이 삽니다. 건강한 캐나다와 아일랜드 여성 81명의 유방에서 조직을 채취해 봤더니 독특한 미생물 군집이 발견되었습니다.[1] 프로테오박테리아 *Proteobacteria* 문에 속하는 미생물들이었죠. 폐나 전립선 등 우리 몸 곳곳을 무균의 공간이라 생각했던 도그마가 깨지고 있는데, 유방조직 역시 마찬가지라는 것입니다.

이런 미생물 군집이 유방의 운명에 관여하는 건 당연하겠죠. 미국의 비영리 학술의료센터인 메이요클리닉Mayo Clinic에서 33명의 유방암 환자를 수술하며 조직을 채취해 분석했더니, 악성종양과 양성 조직에서 발견된 세균들의 종류가 좀 달랐습니다.[2] 악성종양이 있는 유방에서 프로바이오틱스 유산균으로 잘 알려진 락토바실러스 *Lactobacillus* 같은 세균들의 수가 훨씬 적었죠. 암의 시작과 진행에 세균이 만드는 미세 환경microenvironment이 중요하다는 것은 이미 알려져 있는데, 유방도 그럴 수 있다는 것입니다.

유방 미생물을 바꿀 수는 없을까요? 음식을 통해 바꿀 수 있습니다. 사람의 경우 먹는 것을 오랜 기간 엄격히 제한하는 것은 불가능하므로 원숭이를 대상으로 한 실험이 있습니다. 38마리의 원숭이를 두 그룹으로 나누어 무려 31개월 동안 다른 종류의 음식을 먹였습니다.[3] 한쪽에는 건강에 좋다고 알려진 지중해식 음식, 다른 한쪽은 고기가 많이 들어간 서양음식을 준 겁니다. 그 결과 지중해식 음식을 먹인 집단의 유방에서 락토바실러스가 10배나 넘게 검출되었습니다. 먹는 것은 당연히 장내세균 군집을 바꿉니다. 물론 장만은 아닐 겁니다. 우리 몸 전체의 세균 군집을 바꿀 것인데, 유방조직도 그 중 하나라는 것이죠. 이런 발상의 연장으로 프로바이오틱스의 항암효과, 그 중에서도 유방암에 대한 연구도 일정한 진척을 보이고 있습니다. 내용을 살펴볼까요.

먼저, 프로바이오틱스 유산균이 암세포의 증식을 억제한다는 겁니다. 더욱이 프로바이오틱스의 농도를 높일수록 억제효과도 높아집니다(그림1).[4] 암세포의 크기에도 영향을 주었습니다. 쥐를 이용한 동물

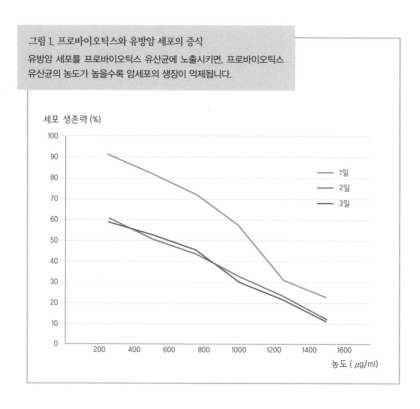

그림 1. 프로바이오틱스와 유방암 세포의 증식
유방암 세포를 프로바이오틱스 유산균에 노출시키면, 프로바이오틱스 유산균의 농도가 높을수록 암세포의 생장이 억제됩니다.

실험에서 유방암을 치료하기 위한 항암제와 함께 프로바이오틱스 우유를 사료로 준 그룹에서 항암제만 준 쥐들에 비해 암 크기가 50% 내외로 작아졌습니다(그림2).[5]

인간에게 프로바이오틱스의 암 예방효과는 없을까요? 331명의 유방암 환자와 그와 비슷한 연령과 조건을 갖춘 884명의 여성들의 과거 식습관을 조사해 보니, 어렸을 적 프로바이오틱스 유산균 음료를 섭취한 여성들의 유방암 발생이 40% 정도 적었습니다.[6]

유방암 치료를 받는 환자들에게도 프로바이오틱스는 유용했습니

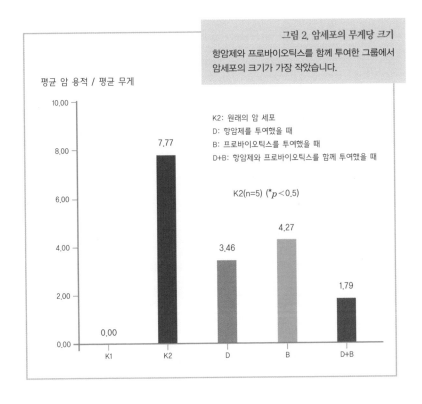

그림 2. 암세포의 무게당 크기
항암제와 프로바이오틱스를 함께 투여한 그룹에서 암세포의 크기가 가장 작았습니다.

평균 암 용적 / 평균 무게

K2: 원래의 암 세포
D: 항암제를 투여했을 때
B: 프로바이오틱스를 투여했을 때
D+B: 항암제와 프로바이오틱스를 함께 투여했을 때

K2(n=5) ($^*p<0.5$)

표 1. 유방암에서 프로바이오틱스와 염증

유방암 치료 중 프로바이오틱스를 함께 복용한 환자들이 위약을 복용한 환자들에 비해 염증물질(TNF)나 염증지표(CRP) 등이 더 낮아집니다.

	신바이오틱스 ($n = 36$)			위약 ($n = 36$)	
	기준	8주	P^*	기준	8주
Adiponectin (μg/ml)[a]	28.77 (9.14)	43.37 (12.24)	<0.001[c]	39.12 (18.94)	38.35 (18.31)
Δ Adiponectin (μg/ml)[b]	13.58 (10.08, 18.17)			−0.42 (−2.90, 1.98)	
TNF-α (ng/L)[a]	263.79 (17.24)	240.46 (19.90)	<0.001[c]	256.60 (17.48)	256.01 (16.10)
Δ TNF-α (ng/L)[b]	−17.09 (−32.05, −13.60)			0.20 (−3.97, 2.98)	
hs-CRP (mg/L)[b]	3.11 (2.01, 4.33)	1.79 (1.09, 2.43)	<0.001[c]	2.18 (1.79, 2.98)	1.99 (1.67, 2.62)
Δ hs-CRP (mg/L)[b]	−1.14 (−1.90, −0.88)			−0.06 (−0.38, 0.15)	

다. 프로바이오틱스를 복용한 환자들의 여러 염증지표들이 줄어들었거든요. 그뿐이 아니었습니다. 유방암으로 항암제 치료를 받는 환자들을 대상으로 프로바이오틱스를 복용하게 했더니, 항암제로 인한 인지기능 장애의 발생이 줄어들기도 하고요.[7]

물론 그렇다고 해서 프로바이오틱스가 표준적인 항암요법(수술, 항암제, 방사선)을 대체할 수는 없습니다. 하지만 매우 공격적인 aggressive 현재 항암요법의 보완제adjuctive로서의 가능성은 많아 보입니다. 무엇보다 프로바이오틱스는 부작용의 우려가 적으니까요.

폐암과 프로바이오틱스

폐암도 잘 알려졌듯 세계적으로 많이 발생하는 암 중 하나입니다. 발생건수로 보면 전립선암(남성)이나 유방암(여성)에 비해 덜하지만, 사망자 수로는 남녀 모두에서 폐암이 가장 많다고 합니다.

호흡기 건강에 미생물이 미치는 영향은 코로나19를 겪으면서 전 세계인이 경험했습니다. 코로나19와 같은 범유행Pandemic 전염병이 아니더라도 감기나 폐렴을 비롯한 호흡기 질병은 누구라도 직간접으로 경험했을 것입니다. 그럼 폐암은 어떨까요? 폐암에도 미생물이 영향을 미칠 것이라는 짐작은 당연합니다.

2010년 무렵까지도 건강한 사람의 폐 역시 무균의 공간이라는 도그마가 있었습니다.[8] 하지만 최근의 코로나19 감염병에서 보듯이 우리 호흡기는 바이러스나 세균 등 온갖 미생물들이 오갈 수밖에 없는 열린 공간입니다. 생명유지에 필수적인 산소를 들이마셔야 하는데, 숨을 들이쉴 때 담배연기, 매연, 환경독소들, 미생물들을 걸러내고 신선한 공기만을 빨아들일 능력이 우리에겐 없으니까요. 그러니 폐렴이나 폐암이 없는 건강한 사람의 폐에도 여러 세균들이 정상적으로 상주하는 겁니다.

그런데 건강한 사람의 폐와 폐암환자의 폐에는 다른 세균이 삽니다. 건강한 사람에 비해 폐암환자의 폐에 세균의 양high microbial load이 많기도 합니다. 구체적으로 폐암환자의 폐에는 정상인에 비해 연쇄상구균, 헤모필루스, 베이로넬라 같은 세균들의 양이 늘어납니다.[9]

상주세균 군집의 변화는 폐조직의 면역반응을 변화시키고, 변화된 면역반응은 다시 상주세균의 변화를 이끕니다. 그렇게 우리 몸과 미생물의 균형symbiosis과 불균형dysbiosis 사이를 오가던 폐의 상태는 불균형이 일정 수준을 넘으면 염증, 더 나아가 암으로 진행될 것입니다.[9] 무릇 모든 사건은 하나의 '개별적' 원인보다 균형과 관계와 인연에 의해 생길 텐데, 폐에서의 암 역시 그리 보입니다.

폐 세균의 변화가 폐의 건강과 질병의 갈림길을 만드는 하나의 요인risk factor이라면, 이런 세균들은 어디서 왔을까요? 크게 두 군데입니다. 장과 구강이죠.[10]

장-폐 축Gut-Lung Axis

폐에 상주하는 세균의 출처 중에 먼저 장을 살펴보겠습니다. 장은, 특히 대장은 우리 몸에서 가장 세균이 많은 곳입니다. 그리고 장과 폐와 혈관과 림프관을 통해 연결되어 있으니 서로 영향을 주고받습니다. 미생물이 오가고, 미생물이 만드는 대사산물단쇄지방산 등이 오가고, 염증을 만드는 사이토카인도 오갑니다. 그래서 코로나19로 인해 폐렴이 악화되면 장내세균도 바뀌고, 반대로 장내세균이 건강하지 못하면 코로나19에 더 잘 걸리거나 그 증상도 더 심해집니다(그림3).[11]

구강-폐 축Oral-Lung Axis

구강 역시 많은 세균이 삽니다. 장과 비교하면 위산stomach acid에 의해 걸러지지 않은 위해균이 더 많이 살죠. 그리고 이런 입속세균은 건강한 상태라도 숨을 들이쉴 때 침과 함께 미세하게 빨려 들어가microaspiration 폐에 자리를 틉니다. 구강과 폐는 혈관이나 림프관과 연결되어 있는 것은 물론, 이렇게 해부학적으로도 직접 연결되어 있

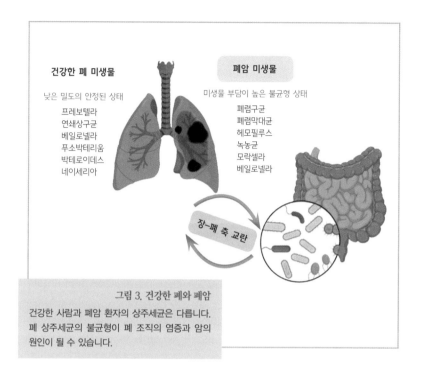

건강한 폐 미생물

낮은 밀도의 안정된 상태

프레보텔라
연쇄상구균
베일로넬라
푸소박테리움
박테로이데스
네이세리아

폐암 미생물

미생물 부담이 높은 불균형 상태

폐렴구균
폐렴막대균
헤모필루스
녹농균
모락셀라
베일로넬라

장-폐 축 교란

그림 3. 건강한 폐와 폐암

건강한 사람과 폐암 환자의 상주세균은 다릅니다.
폐 상주세균의 불균형이 폐 조직의 염증과 암의
원인이 될 수 있습니다.

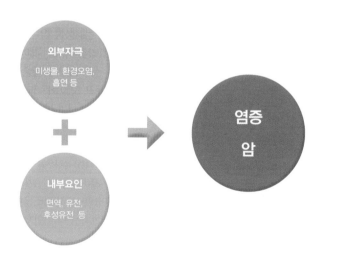

외부자극

미생물, 환경오염,
흡연 등

내부요인

면역, 유전,
후성유전 등

**염증
암**

는 거죠(그림4). 코로나19 감염병은 물론 감기예방에도 구강관리를 잘 하는 것이 도움이 되는 이유입니다.[12]

입속세균과 폐암의 연관은 폐암환자의 입속세균을 건강한 사람과 비교하면 뚜렷하게 드러납니다. 네이세리아*Neisseriaceae*, 베일로넬라*Veilonella*가 폐암환자에게서 눈에 띄게 많거든요. 해서 입속세균 중 네이세리아, 베이로넬라 등을 폐암 조기진단을 위한 바이오마커 biomarker로 써보자는 제안도 나와 있는 상태입니다.[13]

참고로, 코와 폐가 연결된다는 문헌은 보이지 않습니다. 해부학적으로 코와 폐는 당연히 연결되어 있지만, 코의 미생물이 폐에 미치는 영향이 크지 않다는 겁니다. 코에는 피부와 비슷한 포도상구균 등이 많이 살고, 폐 미생물과는 많이 다른 구성을 보입니다. 코로 숨을 들이쉴 때 폐로 들어가는 와중에 코와 구강과 합해지는 구강인두 부위

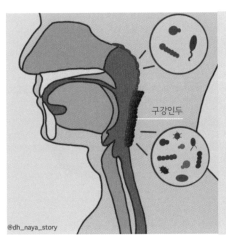

구강인두

@dh_naya_story

그림 4. 구강과 폐를 잇는 구강인두
구강에 유해균이 많이 살면 폐로 직접 흡입됩니다. 호흡기로 보자면, 구강과 코가 합쳐지는 구강인두 부위에 세균이 가장 많고, 이것이 폐로도 흡입됩니다. (그림_치과위생사 황윤정)

에서 세균도 합쳐 폐로 들어갑니다. 그런데 구강에서 오는 세균의 양이 엄청나서 폐에 자리를 잡는 세균 가운데 입속세균이 더 많은 거죠.

폐의 염증(폐렴)이나 암(폐암)에 미생물이 연관되어 있을 수밖에 없다면, 그 치료에도 프로바이오틱스가 도움될 수 있다고 추론하는 것은 자연스럽습니다. 실제로 방사선, 항암, 수술이라는 통상적 항암요법에 프로바이오틱스가 보조요법으로 쓰인다면 치료효율을 높일 수 있습니다.

폐암 치료를 위한 방사선 요법은 우리 면역을 떨어뜨려 약 20%가량 감염의 위험을 높입니다. 프로바이오틱스는 이런 폐암치료 후 감염의 위험을 낮춥니다(그림5).[9] 폐암 치료를 위한 항암요법은 설사나 복통 등을 초래할 수 있는데, 단쇄지방산 중 하나인 부틸산을 만드는 프로바이오틱스는 이런 폐암치료의 부작용과 함께 전신적 염증도 낮추고 전체적인 미생물의 항상성을 높입니다.[14] 또 폐암의 통상적 항암제요법과 더불어 프로바이오틱스를 함께 투여한 환자들이 암 조직이 재발하지 않는 비율과 생존율이 더 높습니다.[15]

전립선암과 프로바이오틱스

전립선암은 남성들에게 가장 많이 발생하는 암입니다.[■] 음식과 생활습관의 변화, 노령화 등의 추세는 우리 몸의 다른 부위처럼 전립선 역시 문제가 생길 가능성을 높일 것입니다. 그리고 전립선에 살고 있는 상주세균이 전립선 문제의 발생과 진행, 예후에 한몫을 합니다.

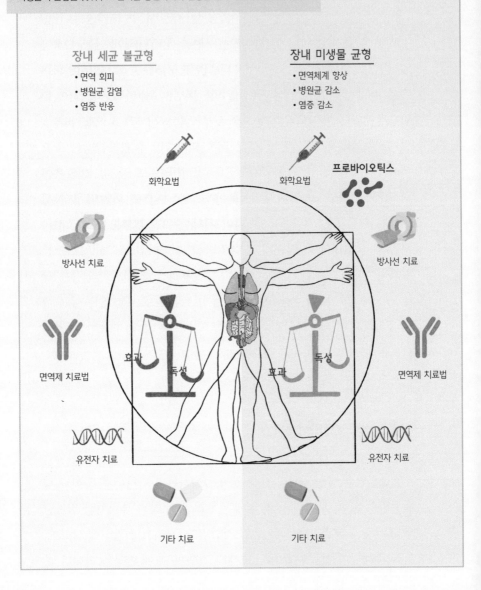

126

오랫동안 건강한 사람의 전립선 역시 무균의 공간이라 생각했습니다. 전립선만이 아니라 외부로 열려 있는 여성의 질을 제외한 요로생식기 전체가 무균이어야 한다 생각했죠. 방광에 세균이 발견된다면 그것은 방광염(염증)의 징후이지 건강한 사람의 상태가 아니라 생각한 겁니다.

하지만 이런 습관적 발상 역시 사라지고 있습니다. 21세기의 벽두, 2000년 무렵부터 이런 인식과 발견의 변화가 시작됩니다.[16] 건강한 사람의 전립선을 포함한 요로에도 세균이 산다는 거죠. 그래서 요도 Urinary tract와 마이크로바이옴의 합성어인 유로바이옴Urobiome이란 말도 등장했고요.[17]

구체적으로 보죠. 건강한 남성이라도 요도에 코리네박테리움이나 연쇄상구균이 살고 있습니다.[17] 또 건강한 여성의 방광에서 직접 채취한 소변을 분석해 보니 ml당 1만에서 10만 정도의 세균이 발견되었고요(그림6).[18] 물론 요로에 사는 세균의 수와 종류는 장내세균의 ml당 1조(10^{12})보다는 훨씬 적고 종류도 다르긴 합니다. 그래도 구강과 소화기를 통해 직접 내려오는 대장의 대변과 달리, 혈관을 통해 우리 몸 전체를 돌다가 방광에 도착한 소변에 세균이 저만큼 산다는 것은 매우 중요한 발견입니다. 여하튼 요로가 무균의 공간이란 오래

■ 저는 여기에 일정한 허수가 끼어 있다고 생각합니다. 이에 대해서는 저의 블로그 글을 참조하시기 바랍니다.
https://blog.naver.com/hyesungk2008/222897032267

scan

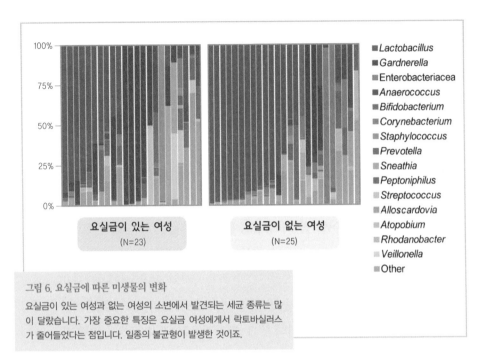

■Lactobacillus
■Gardnerella
■Enterobacteriacea
■Anaerococcus
■Bifidobacterium
■Corynebacterium
■Staphylococcus
■Prevotella
■Sneathia
■Peptoniphilus
■Streptococcus
■Alloscardovia
■Atopobium
■Rhodanobacter
■Veillonella
■Other

요실금이 있는 여성
(N=23)

요실금이 없는 여성
(N=25)

그림 6. 요실금에 따른 미생물의 변화
요실금이 있는 여성과 없는 여성의 소변에서 발견되는 세균 종류는 많이 달랐습니다. 가장 중요한 특징은 요실금 여성에게서 락토바실러스가 줄어들었다는 점입니다. 일종의 불균형이 발생한 것이죠.

된 도그마가 수정되어야 한다는 것은 확실합니다.

건강하든 그렇지 않든 전립선에서 가장 흔하게 발견되는 세균은 큐티박테리움*Cutibacterium*이라는 녀석입니다. (이 세균은 프로피오니박테리움*Propionibacterium*이라고 불렸으나 최근 이름이 바뀌었습니다. 세균 분류에서 소속과 이름이 바뀌는 것은 흔한 일입니다. 이런 점이 미생물학 공부의 난점이기도 하고요.) 건강한 전립선이든 전립선염이든 전립선암이든 모두 큐티박테리움이 존재합니다. 그러다 종양이 생기면 그 부위에는 큐티박테리움이 조금 줄면서 포도상구균*Staphylococcus*이 조금 더 분포하고요(그림7).[19] 큐티박테리움이나 포도상구균은 구강·장·피부 모두에서 서식하긴 하지만, 상대적으론 피

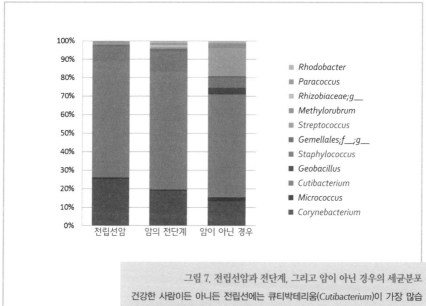

그림 7. 전립선암과 전단계, 그리고 암이 아닌 경우의 세균분포
건강한 사람이든 아니든 전립선에는 큐티박테리움(Cutibacterium)이 가장 많습니다. 암이 발생한 경우, 코리네박테리움(Corynebacteriaceae)이 많아지고요.

부에 더 많이 서식하는 세균들입니다.[20]

큐티박테리움 외에도 코리네박테리움*Corynebacterium*, 포도상구균, 연쇄상구균*streptococcus* 등등 여러 종류의 세균들이 전립선에 상주합니다.[20] 그리고 이들 역시 자기들이 소속된 군집 안에서의 평형을 이룰 겁니다. 동시에 미생물 군집(외부자)과 우리 몸의 면역(내부자) 간의 균형 역시 이루어지고 있을 겁니다. 그러다 그 균형과 평형이 깨지면 염증이나 암으로 갈 것입니다(그림8).

그렇다면 전립선에 상주하는 미생물이나 균형을 깨는 문제 세균(유해균)의 출처는 어디일까요? 또 어떻게 전체 혈관을 돌다가 전립

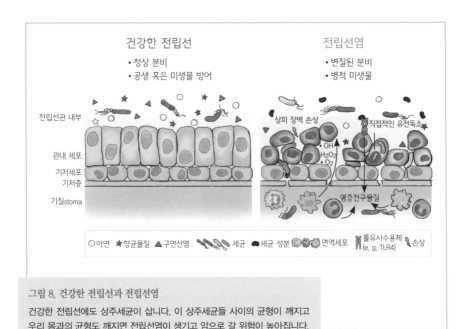

그림 8. 건강한 전립선과 전립선염
건강한 전립선에도 상주세균이 삽니다. 이 상주세균들 사이의 균형이 깨지고 우리 몸과의 균형도 깨지면 전립선염이 생기고 암으로 갈 위험이 높아집니다.

선에 도착했을까요? 아직 연구가 진행중이지만, 늘 그렇듯 장과 피부, 구강이 문제 세균의 출처로 거론됩니다. 장, 피부, 구강이 우리 몸에서 미생물이 가장 많이 오가는 곳이고 가장 많이 사는 곳이니까요. 전립선에 분포하는 세균의 종류로 보아도 피부(프로비오티박테리움, 코리네박테리움, 포도상구균)나 구강(연쇄상구균)과 겹치고, 가장 많은 세균을 품고 있는 장 역시 당연히 후보에 오릅니다.

이 가운데 특히 전립선 문제와 관련하여 많이 탐색되고 있는 것은 입속세균입니다. 구체적으론 대표적인 구강유해균 진지발리스이죠.[21] 전립선염이나 전립선비대증과 치주염을 함께 가지고 있는 24명의 환자들의 잇몸과 전립선액을 살펴보았더니, 17명(70.8%)의 환자들에게서 진지발리스를 포함한 구강유해균이 동시에 검출되었거든요. 잇몸 속 진지발리스가 혈관을 타고 전립선에 도착했다는 추정이 가능해 보입니다.

해서 구강위생 관리가 중요합니다. 또 모든 건강의 기본인 잘 먹고 잘 싸는 것이 전립선 건강에도 기본일 수밖에 없습니다. 구강세균, 장내세균 관리를 잘 하자는 거죠. 거기에 더해 프로바이오틱스를 사용한다면 더욱 좋고요. 프로바이오틱스 음료가 전립선암 세포의 증식을 억제하고 세포자살apotosis을 유도하니까요.[22,23] 고장 난 세포가 스스로 사멸하는 세포자살은 암을 방어하는 우리 몸의 중요한 면역장치입니다. 이 연구 결과는 프로바이오틱스가 전립선암의 예방에도 도움이 될 가능성을 보여줍니다.

결론적으로 암의 예방에 프로바이오틱스가 도움이 된다는 겁니다. 암의 치료에도 프로바이오틱스가 보조적으로 사용될 수 있다는 것이고요. 어찌 보면 프로바이오틱스는 가공음식과 첨가물이 대폭 많아진 우리 식생활, 그로 인해 발생할 수 있는 암을 포함한 여러 건강문제를 되돌아보게 하는 발상인 겁니다.

중환자실과 수술 후의
감염예방

　중환자실에서는 폐렴이 늘 문제입니다. 감염병이 아니라 사고나 심혈관질환으로 중환자실에 입원한 경우에도 통계마다 좀 다르긴 하지만, 많게는 10명 중 3~4명이 폐렴에 걸립니다.[1] 병을 고치러 들어간 병원에서 엉뚱하게 병을 얻게 되는 경우이죠. 이런 질병을 병원성 nosocomial 혹은 의원성iatrogenic이라고 합니다. 일반인들의 눈에는 잡히기 어렵지만 실제 병원 현장에서는 상당히 많이 일어납니다. 인공호흡기로 인한 폐렴이 중환자실의 병원성 질병의 대표격이고, 약물 부작용도 대표적인 의원성 문제입니다.

　더욱이 인공호흡기는 기계를 이용해 환자에게 산소를 공급하는 '기계환기'로, 그 자체로 침습적일 뿐만 아니라 인체 내외부의 병원성 세균이 폐로 들어가는 길잡이 역할을 합니다. 그래서 녹농균Pseudomonas aeruginosa이나 포도상구균Staphylococcus aureus, 연쇄상구균, 헤모필루스Hemophilus처럼 병원 바닥이나 침대 표면, 의료진의 피부에서 옮겨온

세균들이 폐렴을 일으킬 수 있습니다.[2]

　입속세균도 인공호흡기와 연관된 폐렴의 원인균으로 한몫을 합니다. 폐렴을 일으킬 수 있는 연쇄상구균이나 헤모필루스 모두 구강의 대표적인 상주세균이거든요. 제 입속세균을 조사해보니, 이 세균이 각각 두 번째와 세 번째로 많은 세균들이었습니다(그림1). 원래 건강한 사람의 폐에도 이런 입속세균이 미세흡인microaspiration되어 폐 상주세균이 되는데, 인공호흡기는 입속세균이 폐로 더 쉽게 유입되게 합니다.[3] 더구나 중환자실의 환자들은 구강관리가 제대로 되지 않아 구강유해균이 더 많을 수밖에 없습니다. 그래서 많은 연구가 구강을 잘 세척해주는 것만으로도 인공호흡기로 인한 폐렴을 줄일 수 있음을 보여줍니다.[4]

그림 1. 저의 구강세균들
제 입속 세균들을 검사해 보니, 연쇄상구균과 헤모필루스는 두번째와 세번째로 많은 세균이었습니다.

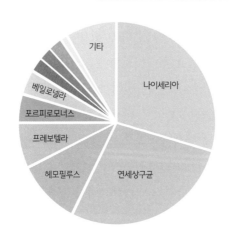

인공호흡기로 인한 폐렴이 생기면 즉각 안티바이오틱스, 즉 항생제가 동원됩니다. 암피실린ampicillin 등의 항생제 한 종류만 쓸 수도 있으나, 실제 의료 현장에서는 여러 항생제를 함께 쓰는 복합요법이 적용됩니다. 현재 많은 병원성 세균들이 항생제 내성을 갖고 있기 때문이죠. 항생제로 항생제 내성균을 상대하려면 항생제 종류와 용량 그리고 기간을 늘리는 것밖에 없습니다.[2] 하지만 이런 방법은 인공호흡기로 인한 폐렴 환자가 항생제 부작용에 더 노출되게 하고, 입원기간을 늘리며, 심지어 사망의 위험을 높입니다.

상황이 이러니 중환자실에서의 폐렴을 줄이기 위한 연구들도 여럿 진행되었습니다. 그런 연구를 통해 다양한 대안들도 제시되었죠. 대표적으로 입안을 깨끗하게 하는 것, 손 씻기, 기도를 더 세척해 주는 것 등등이 있습니다. 심지어 환자의 침대머리 쪽을 조금 높여서 30도 이상으로 기울게semi recumbent 하는 것도 제안되었습니다. 그러면 폐렴 발생률을 낮춘다고 합니다. 환자가 완전히 누웠을 때supine 생길 수 있는 소화관 역류를 막아 소화관 세균이 폐로 유입되는 것을 줄일 수 있기 때문이죠.[5]

그런 대안 중에 프로바이오틱스 요법도 한자리를 차지합니다. 2022년에 그간 나온 프로바이오틱스를 이용해 인공호흡기로 인한 폐렴을 줄여 보려는 시도들을 정리한 리뷰논문들은 일관되게 그 효과를 인정하고 있습니다.[1,6,7] 내용을 살펴보면, 먼저 프로바이오틱스를 영양요법으로 항생제와 함께 사용하면 인공호흡기 폐렴 발생을 절반 가까이 줄일 수 있습니다. 또 폐렴이 발생했다 하더라도 증상을 낮추고, 입원기간을 줄이고, 당연히 비용도 줄이며, 사망위험도 낮추었습니다.

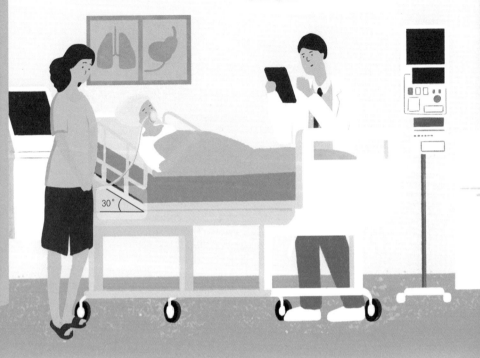

환자의 침대 머리 쪽을 조금 높여서
30도 이상으로 기울게 하는 것만으로
도 중환자실에서의 폐렴 발생률을 낮
춘다고 합니다.

그 중 인상적인 무작위 임상연구를 하나 보겠습니다.[8] 중환자실에
입원한 12세 이하의 아이들 150명을 대상으로 한 연구입니다. 중환
자실 입원날부터 프로바이오틱스를 투여한 아이들의 인공호흡기로
인한 폐렴이 17.1%로 나타나 48.6%인 위약 그룹에 비해 폐렴 발생
이 무려 77% 낮았습니다. 또 인공호흡기 사용기간도 줄고, 중환자실
입원기간도 2.1일 짧아졌으며 전체 입원기간도 3.3일 짧아졌습니다.

혈액 속에서 병원균이 발견되는 경우도 줄고 결과적으로 사망률도 대폭 줄었고요(표1).

그뿐이 아닙니다. 프로바이오틱스는 수술 후 감염예방을 위해 쓰이는 안티바이오틱스의 치료효능도 높입니다. 간이식 수술에서도 프로바이오틱스는 매우 유용한 효과를 보이고요.[9] 간이식 수술을 할 때에는 항생제를 수술 전에 한번만 예방적으로 투여하고 (이후엔 감염이 확인된 다음에만 투여하고), 수술 후에는 프로바이오틱스를 하루 두 번 경관튜브feeding tube로 넣어주거나 복용하게 했습니다. 그렇게 프로바이오틱스를 복용한 그룹은 그렇지 않은 그룹에 비해 감염횟수, 입원 일수, 항생제투여 일수 등 모든 면에서 확연하게 우월

변수	프로바이오틱스 병행 (N=70)	항생제 (N=72)
VAP 발생	12 (17.1%)	35 (48.6%)
VAP 비율 (환기 1,000일당)	22	36
중환자실 입원 일수 (평균±표준편차)	7.7 ± 4.60	12.54 ± 9.91
병원입원 일수 (평균±표준편차)	13.13 ± 7.71	19.17 ± 13.51
기계환기 일수 (평균±표준편차)	6.24 ± 3.24	6.24 ± 3.24
사망자	17 (24.2%)	23 (31.9%)
VAP로 인한 사망률	1 (1.4%)	3 (4.2%)

※ VAP : 인공호흡기로 인한 폐렴

표 1. 중환자실에서의 항생제와 프로바이오틱스
중환자실에서 항생제와 함께 프로바이오틱스를 사용한 그룹과 사용하지 않은 그룹의 비교연구 결과입니다. 프로바이오틱스를 함께 사용한 그룹에서 인공호흡기로 인한 폐렴(VAP) 발생건수를 포함해 입원일수, 사망률 등 모든 지표가 더 좋아졌습니다.

한 효과를 보였습니다(표2).

복부 수술에서도 프로바이오틱스가 감염을 줄여주었습니다. 특히 대장 부위는 항문으로 나갈 똥이 기다리는 곳이라 세균의 밀집도가 높죠. 해서 이 부위를 수술할 때에는 늘 감염이 우려될 수밖에 없습니다. 그러니 수술 전은 물론 수술 후에도 항생제가 필요한데, 프로바이오틱스를 함께 적용하면 수술 후 감염이 절반 정도 줄어들었습니다.[10] 암 수술에서도 프로바이오틱스가 감염을 줄여 주었고요. 대장의 암은 물론 간과 췌장 부위 암 수술 후 프로바이오틱스나 신바이오틱스를 투여하면 마찬가지로 수술 후 감염이 절반 정도 줄어들었습니다.[11]

	그룹 A (N=34)	그룹 B (N=33)	P 값
입원 일수	16 ± 3	18 ± 3	0.64
항생제 사용 일수	4 ± 2	9 ± 1	0.03
감염률	3/34 (8.8)	10/33 (30.3%)	0.03
요로감염	1	2	
상처감염	2	5	
복막염	0	2	
폐렴	0	1	

※ 그룹 A : 항생제와 함께 프로바이오틱스를 사용한 그룹
그룹 B : 항생제만 쓰고 프로바이오틱스를 사용하지 않은 그룹

표 2. 간이식 수술 후 프로바이오틱스
간이식 수술 환자에게 수술 후 프로바이오틱스를 보조요법으로 사용한 경우, 프로바이오틱스를 복용한 그룹(A)에서 입원 일수나 항생제 사용 일 수, 감염 등에서 모두 좋은 효과를 보입니다.

프로바이오틱스가 중환자실 폐렴이나 수술 후 여러 감염을 낮출 수 있다는 이런 연구결과들은 제게 상당히 고무적으로 다가옵니다. 가장 생명이 위태로운 공간에서조차 프로바이오틱스가 유용하다는 것을 보여주니까요. 우리 몸 세균을 적대적으로 대하는 안티바이오틱스적인 발상이 일상에서조차 지배적인 우리 시대에 가장 항생제가 필요한 공간에까지 프로바이오틱스적 발상이 확장되고 있으니까요.

그렇게 확장된 지점에 서서 역으로 일상을 돌아보면, 잇몸병·피부질환·감기 같은 가벼운 감염은 물론 축산업계·식품업계, 나아가 일상에서의 위생까지 건강한 우리 몸의 상주세균을 안티anti하지 않는 프로바이오틱스적인 발상이 적용되지 않을까 싶습니다.

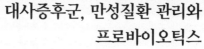

대사증후군, 만성질환 관리와
프로바이오틱스

세종대왕에게 소갈증消渴症, 당뇨이 있었다고 하죠. 움직이기 싫어하고 고기를 좋아하셨다 하네요. 생각해 보면, 과거 우리 선조들은 세종대왕처럼 극히 일부를 제외하고는 고혈압·당뇨·고지혈증에 걸릴 일이 없었을 겁니다. 음식의 양은 적었고 그나마 자연음식이 대부분이었을 테니까요. 또 냉장고가 없었으니 자연 발효음식이 많았겠죠.

저의 할아버지와 아버지, 작은아버지, 그리고 동생도 당뇨가 있었습니다. 1966년생인 저 역시 몇 해 전 건강검진에서 당뇨와 정상의 경계 수치(혈당 100)를 받은 적이 있고요. 또 고혈압(수축기 151, 이완기 105)과 고지혈증 진단수치를 받기도 했고요. 하지만 그래도 전 약을 전혀 고려하지 않았습니다. 무엇보다 약의 부작용이 무서웠습니다. 대신 스트레스를 줄이고 좋아하는 커피도 좀 줄였습니다. 그리고 먹는 것을 복기해 보고 음식의 종류와 양을 조절했습니다. 그렇게 몇 년이 지난 지금, 전 지금까지 살면서 가장 건강한 상태라고 느끼

저의 집안에는 당뇨가 있는 사람이 많습니다. 저 역시 몇 해 전 건강검진에서 당뇨와 정상의 경계 수치(혈당 100)를 받은 적이 있고요. 또 고혈압(수축기 151, 이완기 105)과 고지혈증 진단 수치를 받기도 했습니다. 전 약을 대신 스트레스를 줄이고 좋아하는 커피도 좀 줄였습니다. 먹는 것을 복기해 보고 음식의 종류와 양도 조절했고요. 그렇게 몇 년이 지난 지금, 전 지금까지 살면서 가장 건강한 상태라고 느끼고 있습니다. 고혈압, 당뇨, 고지혈증과도 거리가 멀고요.

고 있습니다. 고혈압, 당뇨, 고지혈증과도 거리가 멀고요.■

21세기인 현대에도 과거 생활습관을 가지고 살아가는 부족들에게는 고혈압·당뇨·고지혈증 같은 대사증후군은 물론 치매마저도 적다고 합니다. 예를 들어, 아프리카 탄자니아 하드자Hadza에 살고 있는 부족들이 그렇습니다. 먹는 음식은 서양인들 중 마른 사람보다 오히려 섭취량이 적습니다. 하지만 움직이는 양은 훨씬 많습니다. 그러니 이들에게 심혈관질환 위험요소인 대사증후군이 발붙일 곳이 없겠죠.[1]

그래서 저는 고혈압·당뇨·고지혈증 그리고 암 등등 여러 현대병들의 원인을 찾는 데 유전자나 가족력 등을 끌고 오는 걸 좋아하지 않습니다. 과거엔 매우 드물던 이런 병들이 현대에 전염병처럼 퍼지는 원인은 매우 심플합니다. 생활습관이죠. 하지만 실제로는 만성질환 관리에 어마어마한 약들이 처방되고 복용되고 있습니다. 프로바이오틱스 발상법은 이런 약 위주의 우리 시대를 되돌아보는 데 힌트와 대안을 제공할 수 있습니다.

■ 그 구체적 과정과 경험을 블로그에 기록해 두었으니 참고해 보셔도 좋을 듯합니다.
- https://blog.naver.com/hyesungk2008/222809430159

- https://blog.naver.com/hyesungk2008/222806943256
- https://blog.naver.com/hyesungk2008/222804197751

탄자니아 하드자(Hadza) 사람들
과거 생활습관을 가지고 살아가는 부족들에게는 고혈압·당뇨·고지혈증 같은
대사증후군은 물론 치매마저도 적다고 합니다. 먹는 음식은 서양인들 중 마른
사람보다 오히려 적지만, 움직이는 양은 훨씬 많으니까요.

일단 만성질환에 처방되는 수많은 약들이 장내 상주세균에 타격을
줍니다.[2] 과거엔 몰랐던 사실입니다. 건강한 장내세균이 우리 면역
의 도우미라면, 안티바이오틱스처럼 꼭 필요할 때만 최소로 복용해
야 합니다. 잘 알려져 있다시피, 만성질환의 해답은 생활습관, 특히
먹는 것에 있으니까요. 현미와 김치 같은 식이섬유와 발효음식이 특
히 중요합니다. 또 프로바이오틱스가 하나의 도움이 될 수 있습니다.
하나씩 보시죠.

고지혈증

　고지혈증으로 진단받은 사람들에게 가장 추천하고 싶은 음식은 현미를 비롯한 통곡물입니다. 거기에 김치나 된장 같은 발효음식을 함께 먹으면 더 좋고요. 여러모로 좋은 K-Food의 대표음식 김치는 고지혈증도 낮추거든요.[3] 특히 김치는 총콜레스테롤이 190 이상, 나쁜 콜레스테롤이라고도 부르는 LDL저밀도지질단백질이 130 이상인 사람들에게 확실한 혈중지방 강하 효과가 있습니다. 동시에 김치는 혈당 역시도 같이 낮춰줍니다. 캐피어■나 요구르트와 같은 유산균 발효음식 역시 고지혈증에 좋은 음식이고 그 근거들 역시 많으나,[4] 유산균만 아니라 프리바이오틱스(식이섬유)와 포스트바이오틱스(단쇄지방산) 모두를 함유하고 있는 김치를 따라가기는 어렵습니다.

　현미 같은 통곡물 역시 혈중지방 강하 효과가 확실합니다. 중국인들을 대상으로 한 무작위 연구에서 현미밥을 12주 섭취한 사람들의 혈중지방이 10~20%가 낮아졌습니다. 동시에 혈압도 낮아지고 혈당도 낮아졌고요(표1). 그야말로 일석삼조 효과죠.

　프로바이오틱스 유산균 역시 혈중지방 강하 효과가 확실합니다.[5] 프로바이오틱스를 6주 정도만 복용해도 총콜레스테롤이나 LDL이 30% 내외로 떨어졌습니다(그림1). 그러면서도 특별한 부작용은 없었고요. 프로바이오틱스 유산균이 혈중 콜레스테롤 농도를 좌우하는

■ 캐피어kefir는 티베트의 승려들이 만들어 먹던 발효유로 버섯 모양의 종균으로 만들어서 일명 '티베트 버섯 요구르트'로 알려져 있습니다.

143

표 1. 현미밥이 우리 몸에 미치는 영향
12주간 현미밥을 먹은 사람들의 혈중지방이 10~20% 낮아졌습니다. 또 혈압과 혈당도 낮아졌고요.

	그룹	시작	12주 후
몸무게 (kg)	현미 그룹 (n=94) 백미 그룹 (n=97)	68.2±10.8 67.1±10.0	67.6±11.0 67.9±10.4
체질량 지수 (kg/m²)	현미 그룹 (n=94) 백미 그룹 (n=97)	25.6±3.0 25.9±2.8	25.4±3.3 25.1±3.2
허리둘레 (cm)	현미 그룹 (n=94) 백미 그룹 (n=97)	86.7±7.9 86.3±7.6	87.6±8.3 87.8±8.7
수축기 혈압 (mmHg)	현미 그룹 (n=94) 백미 그룹 (n=97)	136.9±13.7 136.9±16.7	126.9±15.5 138.3±15.7
이완기 혈압 (mmHg)	현미 그룹 (n=94) 백미 그룹 (n=97)	87.4±9.0 89.1±9.7	79.1±9.9 89.6±9.1
공복혈당 (mmol/L)	현미 그룹 (n=94) 백미 그룹 (n=97)	5.26±0.76 5.16±0.44	5.07±0.42 5.14±1.05
UA (μmol/L)	현미 그룹 (n=94) 백미 그룹 (n=97)	351.8±83.4 350.8±82.0	353.6±93.2 347.6±82.7
TC (mmol/L) 총콜레스테롤	현미 그룹 (n=94) 백미 그룹 (n=97)	5.04±0.99 4.91±0.90	4.36±0.93 4.75±0.94
TG (mmol/L)	현미 그룹 (n=94) 백미 그룹 (n=97)	2.36±0.46 2.29±1.06	2.12±0.39 2.31±1.10
HDL-C (mmol/L)	현미 그룹 (n=94) 백미 그룹 (n=97)	1.08±0.31 1.07±0.31	1.23±0.27 1.06±0.29
LDL-C (mmol/L)	현미 그룹 (n=94) 백미 그룹 (n=97)	3.49±0.88 3.37±0.77	2.68±0.84 3.32±0.81

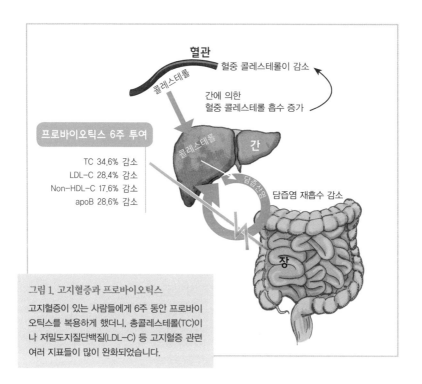

그림 1. 고지혈증과 프로바이오틱스
고지혈증이 있는 사람들에게 6주 동안 프로바이
오틱스를 복용하게 했더니, 총콜레스테롤(TC)이
나 저밀도지질단백질(LDL-C) 등 고지혈증 관련
여러 지표들이 많이 완화되었습니다.

HMG−CoA3-hydroxy-3-methylglutaryl-coenzyme A와 같은 복잡한
이름의 효소작용에도 영향을 줄 수 있기 때문입니다. 고지혈증 약 스
타틴상품명은 리피토이 타깃으로 하는 것도 바로 이 효소입니다. 부작용
이 없거나 덜한 프로바이오틱스가 약이 하는 역할을 대신할 수 있다
는 것이죠.

　우리 몸 미생물의 입구인 구강의 관리도 고지혈증 관리에 중요합
니다. 진지발리스를 포함한 구강유해균과 치주염은 고지혈증 환자
에게 심근경색이 생길 가능성을 높입니다.[6] 이들 구강유해균은 우리
몸에서 가장 흔한 만성염증인 치주염의 염증성 물질사이토카인을 전신

에 뿌립니다. 이렇게 퍼져 나간 염증성 물질은 혈관에도 만성염증을 만듭니다. 그 상태가 지속되면 혈관이 막히는 거고요. 반대로 스케일링을 포함한 잇몸염증 치료는 혈중지방 강하 효과가 있습니다. 그래서 여러 심혈관 관련 학회에서도 심혈관 건강을 위해 치주염을 포함한 구강관리가 꼭 필요함을 권고합니다.[7]

당뇨와 프로바이오틱스

당뇨에도 프로바이오틱스를 이용해볼 수 있습니다. 프로바이오틱스 유산균은 장내세균을 바꾸고 단쇄지방산 같은 대사산물을 만들어 혈당을 낮춰 줍니다.[8] 입속세균 관리 역시 당뇨 관리에 중요합니다. 당뇨가 있으면 잇몸병이 더 생기고, 잇몸병이 있으면 당뇨가 더 악화되거든요.[9]

당뇨와 잇몸병이 있는 환자들을 대상으로 스케일링을 비롯한 치주처치와 함께 프로바이오틱스 유산균을 병행하면 어떨까요? 당뇨와 잇몸병이 동시에 좋아질 수 있습니다. 이에 대한 연구는 여럿 있지만 그 중 하나만 소개하겠습니다.

당뇨와 치주염이 함께 있는 66명을 무작위로 나누어, 한 그룹에는 통상적인 치주치료만 하고, 다른 그룹에는 통상적 치주치료에다 프로바이오틱스를 보조요법으로 처방했습니다(표2). 결과는 치주포켓 깊이와 잇몸 내려앉음, 잇몸피 등에서 확연한 차이가 보였습니다. 프로바이오틱스 복용 그룹의 잇몸처치 결과가 더 좋았던 거죠. 전신적 염증상태를 나타내는 사이토카인의 레벨도 프로바이오틱스 그룹에

표 2. 당뇨와 치주염, 그리고 프로바이오틱스

당뇨와 치주염이 함께 있는 66명을 무작위로 나누어, 한 그룹은 통상적인 치주치료만 하고, 다른 그룹은 치료에 더해 프로바이오틱스를 처방했습니다. 치료와 프로바이오틱스 유산균 복용을 병행한 그룹에서 치주포켓 깊이와 잇몸 내려앉음, 잇몸피 등에서 확연하게 더 좋아졌습니다. 또 염증 수치도 더 낮아고, 혈당과 당화혈색소(HbA1c) 수치 역시 더 좋아졌습니다. 다시 말해 당뇨와 잇몸상태가 더 좋아진 겁니다.

	통상치료 그룹 (n=36)	프로바이오틱스 그룹 (n=36)	t	P
치주				
P1	2.01±0.16	1.32±0.21	11.32	11.32
G1	2.07±0.21	1.33±0.24	11.56	11.56
PPD	6.68±1.01	5.41±0.31	8.35	8.35
CAL	5.84±0.46	4.88±0.22	9.45	9.45
염증 요인 (ng/L)				
IL-1β	16.54±1.84	14.21±1.45	7.02	0.047
TGF-α	26.53±3.84	17.34±1.94	8.23	0.031
IL-6	29.47±3.62	21.24±2.74	8.98	0.026
IL-4	22.82±3.15	48.21±5.42	11.23	0.004
산화 스트레스 분자 (oxidative stress molecules)				
SOD (U/mL)	24.32±3.21	67.42±5.34	24.21	0.000
T-AOC (U/mL)	6.32±0.89	9.76±1.02	8.64	0.028
MDA (nmol/mL)	5.71±0.84	5.43±0.43	4.35	0.083
혈당치				
혈당 (nmol/L)	7.32±0.87	7.02±0.64	7.36	0.046
HbA1C (%)	7.1±0.5	6.7±10.4	7.43	0.045
구강균주 (oral flora)				
Streptococcus oralis	7.54±0.85	5.22±0.92	7.12	0.048
Oral Lactobacilli	4.03±0.42	9.84±0.54	15.11	0.000
Flavobacteriaceae	3.28±0.24	4.83±0.82	5.32	0.068
Actinobacteria	5.83±0.83	5.79±0.74	1.83	0.773

서 더 낮았습니다. 당뇨를 진단하는 데 기준이 되는 혈당과 당화혈색소HbA1c 수치 역시 프로바이오틱스 그룹에서 더 좋아졌고요. 구강 상주세균 군집에도 변화가 보였는데, 유산균인 락토바실러스의 양이 더 증가했습니다.

결국 당뇨와 잇몸염증이 함께 있는 사람들이 통상적인 잇몸 처치만 받았을 때보다 처치에 더해 프로바이오틱스 유산균을 복용했을 때 당뇨와 잇몸상태가 더 좋아진다는 겁니다.

혈압과 프로바이오틱스

혈압은 어떨까요? 프로바이오틱스로 혈압도 낮출 수 있습니다. 미국 심장협회의 기관지에 의하면, 수축기 혈압 기준으로 3.56 정도를 낮출 수 있습니다(그림2).[10] 만약 잇몸이 좋지 않아 잇몸치료와 함께 프로바이오틱스 복용을 병행한다면 수축기 혈압을 10 정도 낮출 수 있고요.

구강 유산균 혹은 프로바이오틱스가 혈압을 낮추는 원리는 간단합니다. 입안세균 군집을 건강하게 만들기 때문입니다. 입속에 건강한 세균이 살면 산화질소Nitric Oxide가 더 만들어져 혈압을 낮추거든요. 산화질소는 핵심적인 혈압 조절물질로 혈관을 팽창시켜 혈압을 낮추는 걸로 잘 알려져 있죠. 그런데 25% 정도의 혈액 속 산화질소가 침샘에서 침과 함께 나와 장을 거쳐 다시 혈관으로 들어갑니다. 이를 장타액순환enterosalivary circulation이라 부르기도 합니다(그림3).[11] 그래서 입속세균의 균형이 깨져 잇몸병이 생기면 수축기 혈압

그림 2. 잇몸병과 혈압

잇몸병은 혈압 수치와 관련이 있습니다. 나이, 성별, 체질량을 균형있게 고려한 사람들 500명을 대상으로 한 실험에서 잇몸병이 있으면 수축기 혈압이 3.36 정도 높았습니다.

잇몸병이 심한
250명

잇몸병이 없는
250명

수축기혈압 >3.36mmHg,
이완기 혈압 >2.06mmHg

그림 3. 장타액순환

구강세균은 인간의 생리적 작용에 영향을 주는데, 대표적인 것이 혈관 건강입니다. 구강세균은 혈관 건강을 지키는 질산염이 재순환되는 데 관여하거든요.

시금치와 같은 음식을 먹으면 산화질소의 기초 물질인 질산염(NO3– 화합물)이 몸속으로 들어온다.

혈관에 있던 질산염은 침샘에서 걸러져서 침에 섞여 구강으로 재순환된다.

입속 세균은 음식 속에 포함된 질산염과 타액으로 재순환되는 질산염을 아질산염으로 바꾼다.

혈관에서 질산염과 아질산염은 혈관 내피세포에 의해 산화질소로 바뀌어 혈관 건강을 지킨다.

위에서 아질산염이 산화질소로 바뀐다.

장에서 남아 있는 질산염과 아질산염이 흡수된다.

흡수되지 않은 질산염은 신장에서 배출된다.

이 3.36 정도 올라갑니다.[12] 반대로 잇몸치료와 프로바이오틱스를 통해 입속세균의 균형을 맞춘다면 산화질소가 더 잘 재순환되어 혈압이 낮아지는 거고요. ▪

결론적으로 건강검진 수치에서 이런저런 문제가 있다면 먼저 생활습관을 돌아보아야 합니다. 그리고 약을 찾기 전에 프로바이오틱스를 먼저 시도해 보는 게 좋습니다. 약은 맨 나중에, 마지막 수단으로 고려해 보고요(그림4). 만약 만성질환으로 프로바이오틱스를 복용한다면, 구강에 오래 머물게 하는 게 좋겠습니다. 통곡물을 꼭꼭 씹어 먹는 것처럼요. 그러면 구강건강, 장건강, 입속세균, 장내세균을 모두 챙길 수 있을 테니까요.

▪ 더 자세한 내용은 제 브로그 글을 참조하시기 바랍니다.
https://blog.naver.com/hyesungk2008/222688588505

scan

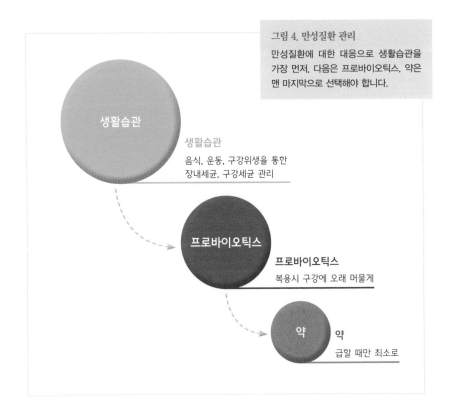

그림 4. 만성질환 관리

만성질환에 대한 대응으로 생활습관을 가장 먼저, 다음은 프로바이오틱스, 약은 맨 마지막으로 선택해야 합니다.

생활습관

생활습관
음식, 운동, 구강위생을 통한
장내세균, 구강세균 관리

프로바이오틱스

프로바이오틱스
복용시 구강에 오래 머물게

약

약
급할 때만 최소로

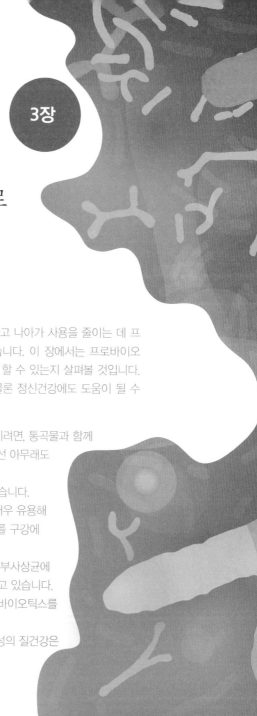

프로바이오틱스로
건강하게

안티바이오틱스의 부작용을 완화하고 나아가 사용을 줄이는 데 프로바이오틱스가 유용함을 살펴봤습니다. 이 장에서는 프로바이오틱스가 우리의 건강에 어떤 역할을 할 수 있는지 살펴볼 것입니다. 장건강을 포함해 우리 몸 전체는 물론 정신건강에도 도움이 될 수 있습니다.

- 프로바이오틱스로 장건강을 챙기려면, 통곡물과 함께 드시길 권유합니다. 배변을 위해선 아무래도 아침형 인간이 좋습니다.
  아침의 편안한 시간이 변의를 돕습니다.
- 구강건강에 프로바이오틱스는 매우 유용해 보입니다. 모든 프로바이오틱스를 구강에 오래 머물게 해서 삼키세요.
- 피부에 많은 문제를 일으키는 피부사상균에 대한 항진균제도 내성이 나타나고 있습니다. 섣불리 약을 복용하기보다 프로바이오틱스를 먼저 고려해 보시길 권합니다.
- 프로바이오틱스는 감기예방, 여성의 질건강은 물론 우울증 등 정신건강에도 유용해 보입니다.

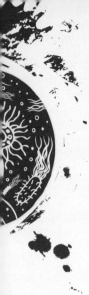

장누수증후군과
프로바이오틱스

장누수증후군Leaky gut syndrome을 들어보셨나요? 말 그대로 장을 둘러싸고 있는 세포들 사이에 균열이 생겨 누수가 일어나는 겁니다 (그림1). 그러면 장을 따라 항문으로 향하던 여러 미생물과 독소들이 우리 몸 더 깊은 곳으로 침투하여 여러 문제를 일으키겠죠. 장누수증후군의 옹호자들은 이유 없이 피곤하거나 몸 여러 곳에 염증이 자주 생기면 장누수증후군을 생각해 보라 권합니다. 심지어 암이나 심혈관질환처럼 생명을 위협하는 여러 질환도 장누수증후군에서 그 원인을 찾기도 하고요.[1]

장누수Leaky gut는 우리 일상에서도 쉽게 경험할 수 있습니다. 변비가 생기면 얼굴에 뾰두라지가 납니다. 장과 얼굴은 꽤 멀리 있는데도 원인과 결과가 분명합니다. 몸 밖으로 나가야 할 대변이 대장에 저류된다면 우리 몸의 미생물 부담bacterial burden은 대폭 올라갑니다. 이런 때에 장누수가 생기면 대장세균이나 그 독소들이 그 틈을 비집고 혈관으로 들어가 얼굴에까지 영향을 미친다는 논리가 가능합니다. 변비가 아닌 정상범위의 미생물 부담 상태라도 진통소염제처럼 장세포를 자극하는 약을 복용했을 경우 장세포 간의 결합에 균열이 생길 수 있고, 그러면 역시 장누수증후군이 생길 수 있습니다.[2]

애초에 영양학자나 대체의학을 하는 분들에 의해 주장되던 장누수증후군에 대해 주류의학은 대체적으로 회의적인 분위기였습니다. 장과 여러 증상의 직접적인 인과관계가 분명치 않다는 이유였죠. 그런데 장누수증후군에 대한 회의적 평가가 최근 들어 반전되고 있습

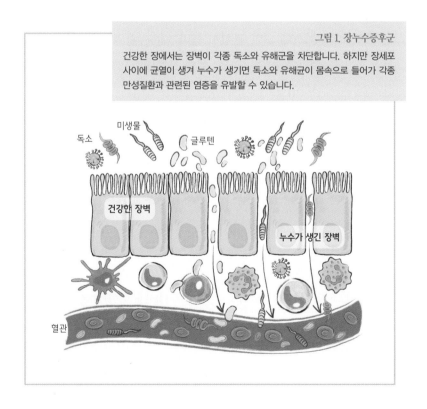

그림 1. 장누수증후군
건강한 장에서는 장벽이 각종 독소와 유해균을 차단합니다. 하지만 장세포 사이에 균열이 생겨 누수가 생기면 독소와 유해균이 몸속으로 들어가 각종 만성질환과 관련된 염증을 유발할 수 있습니다.

니다. 우리 몸, 특히 장에는 거의 38조에 달하는 정상적인 상주세균이 늘 살고 있고, 이들과의 긴장과 평화가 우리 몸 건강에 중요한 변수라는 인식이 확장되고 있기 때문이죠. 그리고 장내세균과 적절한 균형을 이루려면 우리 몸과 장내세균의 경계인 장세포의 방어기능 barrier function이 중요할 수밖에 없습니다. 장누수는 그 장세포 방어벽이 뚫리는 거고요.[3]

장누수증후군의 내용은 잘 먹고 잘 싸는 것이 건강에 좋다는 우리 선조들의 지혜와 맥이 닿습니다. 잘 싸지 않으면 장의 세균부담이 올라가고 장내세균의 균형이 깨집니다. 그러면 장건강이 위태로워지고 장과 연결된 우리 몸 전체의 건강이 흔들리게 됩니다(그림2). 이것 역시 프로바이오틱스에 대한 관심이 올라가는 이유입니다. 건강의 기본인 잘 싸는 것을 도와주니까요. 실제 프로바이오틱스의 가장 중요한 타깃은 장건강입니다. 실제 상품화되면서 표기가 허용된 프로바이오틱스의 효용들도 거기에 초점이 맞춰져 있습니다. 모두 3가지입니다.

1. 장내 유익균 증식
2. 유해균 억제
3. 배변활동 도움

21세기 마이크로바이옴 혁명과 함께 장내세균의 중요성이 부각되면서 역으로 잘 먹고 잘 싸는 건강의 기본에 대한 주목이 커가고 있습니다. 장내세균(혹은 프로바이오틱스)과 그것이 만드는 단쇄지방산SCFA 같은 대사산물이 장세포의 활동을 촉진할 뿐만 아니라 면역

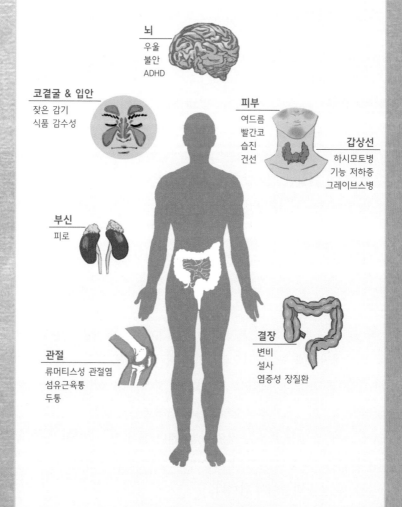

그림 2. 장누수가 온몸에 미치는 영향
장 세포 사이가 벌어지면 그 사이로 장내 세균이나 독소, 음식물 등이 들어가 장벽을 뚫는 것을 장누수증후군이라고 합니다. 그러면 독소가 혈관을 타고 온 몸으로 향하게 되고 몸 곳곳에서 문제를 일으킵니다.

뇌
우울
불안
ADHD

코곁굴 & 입안
잦은 감기
식품 감수성

피부
여드름
빨간코
습진
건선

갑상선
하시모토병
기능 저하증
그레이브스병

부신
피로

결장
변비
설사
염증성 장질환

관절
류머티스성 관절염
섬유근육통
두통

을 증진하고 심지어 정신건강에까지 영향을 미칩니다. 고대의 유럽에서는 모든 길이 로마로 통했다면, 21세기에는 모든 건강이 장Gut에서 시작한다는 걸 알게 된 겁니다. 거의 모든 기관과 장기들이 장과 연결되어 있다는 것이 부각되고 있으니까요. 장 건강에서는 장-간 축Gut-Liver Axis이, 정신건강에서는 장-뇌 축Gut-Brain axis이, 피부건강에는 장-피부 축Gut-Skin Axis이, 심지어 근육증진에 장-근육 축Gut-Muscle Axis이 부각되고 있는 겁니다. 이 축들이 출발되는 곳이 장이고, 그 연결의 주역은 장내세균인 것이고요.[4] 과거 우리가 먹은 것이 대변으로 나가기 전 잠시 머무는 폐기물 창고 같은 대장의 이미지에 비하면 천지개벽인 거죠.

장건강과 원활한 배변활동에 프로바이오틱스가 도움이 되는 것임은 분명해 보입니다. 다만 프로바이오틱스를 드시는 분들이 유념해야 할 게 있습니다. 바로 음식입니다. 원리적으로 보나 제 경험으로 보나 음식을 바꾸지 않으면 아무리 프로바이오틱스를 복용한다 해도 편안한 배변으로 건강한 장을 가꾸기는 어렵습니다. 이유는 이렇습니다.

먼저, 프로바이오틱스 역시 효과가 일정하지 않기 때문입니다. 아무리 장내세균에 프로바이오틱스가 좋다 하더라도 그것은 한강에 물 한 방울 떨어뜨리는 격일 수 있습니다. 장에는 38조에 이르는 세균 군집이 있으니까요.[5] 프로바이오틱스를 복용하는 것은 그 거대한 군집에 그저 한 방울 보태는 것이죠. 그러니 유산균이 좋아할 만한 음식(식이섬유)을 함께 먹어 한 방울의 프로바이오틱스 유산균이 잘 증식하는 환경을 만들어야 합니다.

둘째, 우리 건강에 좋은 프로바이오틱스 유산균이 증식하는 데 도움이 되는 음식은 우리 장내세균 군집의 구성에도 영향을 미치기 때문입니다. 프로바이오틱스 유산균을 선택할 때 제일 좋은 방법은 우리 장내에 사는 세균을 모두 검사해서 부족한 녀석들을 꼭 집어 보충해주는 것이겠지만, 그건 현재의 의과학 능력으로는 불가능합니다. 현대인들에게 일반적으로 부족한 락토바실러스라는 공생 공진화 세균을 프로바이오틱스로 한 방울 추가 공급해주는 것뿐입니다. 그 한 방울의 프로바이오틱스가 얼만큼 효과를 낼지는 이미 우리 장에 살고 있는 장내세균 상태에 의해 결정될 겁니다. 장으로 들어가 기존 멤버들과 어울리며 자신의 능력을 발휘해야 할 테니까요. 그래서 프로바이오틱스를 처음 선택할 때는 이것저것 먹어보며 자신에게 맞는 것을 찾아가는 시간이 필요합니다. 이때 역시 음식으로 평소의 장건강을 유지하는 게 보탬이 될 것입니다.

셋째, 프로바이오틱스 역시 내성이 생기기 때문입니다. 내성은 처음엔 효과가 있더라도 시간이 지나면 그 효과가 무뎌진다는 거예요. 기존 장내세균 군집이 추가 공급되는 프로바이오틱스의 효과를 흡수해 버린 결과일 겁니다. 저 역시도 한 프로바이오틱스를 처음 먹었을 때 황갈색 구렁이 같은 변 상태를 보고 놀란 경험이 있습니다. 하지만 시간이 가면서 다시는 그런 변을 보지 못했죠.■ 그래서 장내세균

■ 자세한 내용은 제 블로그 글, '나의 변비 해결기'를 참고 하시기 바랍니다.
https://blog.naver.com/hyesungk2008/222812235888

scan

3장_ 프로바이오틱스로 건강하게

군집 전체가 프로바이오틱스 효과를 흡수하고 지속할 수 있도록 해야 합니다. 좋은 음식은 여기에도 도움을 줍니다.

그럼 어떤 음식이 좋을까요? 프로바이오틱스의 증식을 돕고 한계를 보충해줄 수 있는 음식은 어떤 것일까요? 제가 늘 강조하는 현미밥과 김치 같은 음식입니다. 현미와 같은 통곡물은 식이섬유가 풍부합니다. 시중에 판매하는 통곡물 시리얼도 좋습니다. 또 김치는 발효음식이죠. 이런 음식은 그 자체로도 유익할 뿐 아니라, 대장에서 프로바이오틱스 미생물이 증식하는 데 좋은 먹잇감이 되어 줍니다. 그럼 프로바이오틱스 효과가 배가되겠지요. 심지어 이런 음식을 생활화한다면 굳이 프로바이오틱스에 의지하지 않아도 충분히 건강한 장으로 상쾌한 아침 배변을 즐길 수 있습니다. 이는 음식을 바꾸지 않으면 절대 변비를 해결할 수 없다는 이야기이기도 합니다. 이건 제가 직접 경험하는 일이기도 하고요.

현미밥을 포함해 식이섬유가 많은 음식은 꼭꼭 씹어드셔야 해요. 전 주위에 늘 현미밥을 권하는데, 간혹 현미를 먹으면 소화가 안 된다는 사람들이 있더라고요. 꼭꼭 씹어먹지 않아서 그렇습니다. 현미밥은 흰쌀밥 먹듯 해서는 안 됩니다. 흰쌀밥은 몇 번 씹으면 씹을 것도 없지만, 현미밥은 최소한 30번은 씹어야 합니다. 씹을수록 고소한 맛이 더 좋아지죠. 그래도 안 된다면 현미누룽지를 만들어 끓여먹는 것도 좋은 방법입니다. 현미누룽지는 제가 보약으로까지 꼽는 음식으로, 산행을 할 때 늘 챙겨서 저도 먹고 산행 동료들에게도 나눠주기도 합니다. 다양한 인간 군상에서 현미를 도저히 소화시키지 못하는 사람이 없을 순 없겠지만, 소화능력이 약한 편인 제 몸으로 느

끼는 바는 현미밥을 꼭꼭 씹어 먹거나 누룽지로 만들어 끓여먹으면 문제가 있을 법한 사람은 거의 없다고 봐요. 흰쌀밥을 먹기 시작한 건 100년 전에 도입된 정제기술 덕인데, 그 전까지 우리 선조들은 모두 현미밥을 먹고 살았을 테니까요. 진화적으로 현미밥을 소화시키지 못할 사람은 자연선택에서 탈락되었겠죠. 그러니 꼭꼭 씹어드세요.

결론적으로 장누수를 막기 위해 또 배변이나 장건강을 위해 프로바이오틱스를 드시는 분들이라면, 통곡물과 함께 먹어야 프로바이오틱스의 내성을 피하고 효과를 높일 수 있다는 겁니다.

하나 더 덧붙인다면, 우리 몸의 모든 부분이 그렇겠지만, 특히 장건강은 정신건강과 연관이 깊습니다. 이런 연관을 장-뇌 축Gut-Brain Axis이라 표현하기도 하죠. 바쁘게 움직이면 배변을 제대로 하기 어렵습니다. 가능한 편안한 아침 시간을 확보해 보세요. 저 역시 아침에 일찍 깨는 습관이 정착된 다음에 변비가 확실히 잡혔습니다. 마음 편안한 아침이 편안한 배변을 줍니다.

구강관리와
프로바이오틱스

장과 마찬가지로 누수가 잘 일어나는 곳이 있습니다. 바로 잇몸입니다. 구체적으로는 유치乳齒가 잇몸을 뚫고 나오면서 만들어진 치아 주변의 작은 홈(치주포켓) 속입니다. 치주포켓 아래쪽에서 치아와 구강점막이 마주하고 있는데, 이 둘이 딱 붙어야 방어가 잘 되겠죠. 그런데 이 결합이 반쪽짜리(헤미데스모솜Hemi-desomosome)입니다(그림1). 세포간 결합이 느슨하다는 거죠. 그러니 다른 곳보다 세균이 쉽게 침투해서 혈관으로 들어가는 것이고요. 혈액에 세균이 침투하는 균혈증bacteremia의 가장 흔한 이유가 입속세균인 것도 이 때문입니다.[1] 이런 잇몸누수Leaky gum는 균혈증을 통해 우리 몸의 여러 전신적 건강을 위협할 수 있습니다.[2] (이런 내용의 저희 병원 논문이 영광스럽게도 유수의 국제학술지에 실리기도 했습니다.)

잇몸누수는 바로 염증을 의미합니다. 치주포켓에 플라크가 쌓이면서 생기는 염증은 우리 몸에서 가장 흔하게 일어나는 치주염입니다.

2022년 한 해 동안 우리나라에서만 1,700만 명이 치과를 찾은 이유가 이 때문입니다. 건강보험 통계에 의하면, 우리나라 사람들이 의료기관을 가장 자주 찾게 만드는 다빈도 상병의 첫 번째이고요.

그렇다면 잇몸누수와 염증에 어떻게 대응해야 할까요? 가장 중요한 것은 평소의 구강관리입니다. 치주포켓에 세균이 쌓이지 않도록 잘 관리하는 거죠. 세균 부담이 누적되어 장누수가 일어나지 않도록 변비를 관리하는 것처럼, 구강에서 플라크가 쌓이지 않도록 관리해

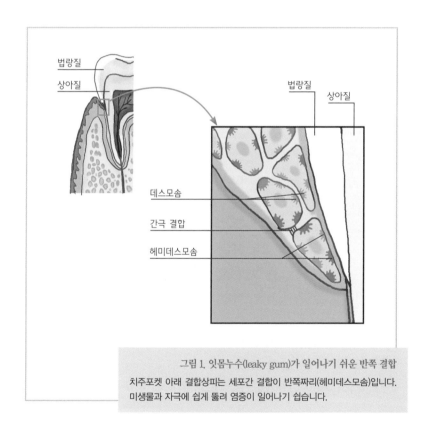

그림 1. 잇몸누수(leaky gum)가 일어나기 쉬운 반쪽 결합
치주포켓 아래 결합상피는 세포간 결합이 반쪽짜리(헤미데스모솜)입니다.
미생물과 자극에 쉽게 뚫려 염증이 일어나기 쉽습니다.

야 잇몸누수가 생기지 않습니다. 잇솔질 같은 가장 기본적인 구강위생 관리가 잇몸누수를 막는 기본인 거죠.

구취가 자주 느껴진다면 보다 적극적인 구강관리와 함께 프로바이오틱스 복용을 고려할 수 있습니다. 프로바이오틱스 구강유산균이 구강내 유해균을 억제해 구취를 일으키는 휘발성 황화합물volatile sulph compounds: VSC을 줄여 주기 때문이죠.[3] 물론 심하다면 그 원인을 찾아서 근본 치료를 하는 게 먼저일 테고요.

프로바이오틱스는 또 입속 점막의 상처를 더 빨리 아물게 합니다. 프로바이오틱스 유산균이 장벽기능의 복원을 돕는데,[4] 구강내 궤양인 구내염 역시 장벽기능이 훼손된 상태이니까요. 그래서 피곤할 때 구내염이 자주 생기는 분들은 평소에 프로바이오틱스 복용을 고려해 볼 만합니다. 프로바이오틱스는 장기적으로 우리 몸 전체의 면역증진을 통해 구내염 발생을 줄일 뿐만 아니라 구내염이 생겼더라도 통증을 낮추는 효과도 기대됩니다. 통증이 아주 심할 땐 스테로이드 연고를 함께 사용하면 더 도움이 될 거고요.[5]

제가 보기에 프로바이오틱스는 시중에서 잇몸약이나 잇몸영양제로 팔리는 인사돌이나 이가탄 같은 약들보다 더 추천할 만합니다. 광고를 통해 많이 알려져 있긴 하지만 그런 잇몸약들의 효능을 보여주는 믿을 만한 연구를 저는 보지 못했습니다. 오히려 잇몸염증이 있어도 그런 약들로 버티다가 문제를 키워온 경우를 진료실에서 많이 봅니다. 그에 비해 프로바이오틱스는 구강유해균 억제나 염증완화에 상당한 근거를 확보하고 있고요. 물론 평소의 구강관리나 꼭 필요한 치과치료를 놓쳐서는 안 되겠죠.

프로바이오틱스는 치과치료를 받을 때에도 유용합니다. 치료와 프로바이오틱스 복용을 겸하면 치료의 부작용을 줄이고 효과는 높일 수 있습니다. 잇몸염증이 생겨 치과에 가면 대개는 스케일링과 함께 구강을 깨끗이 하는 치료를 하는데, 이때 프로바이오틱스를 복용하면 잇몸상태를 개선하는 데 더 효과적입니다. 아무리 스케일링과 소독제로 치석과 플라크를 깨끗이 제거한다 해도 유해균을 완전히 없앨 수는 없습니다. 남은 유해균은 곧 다시 증식하겠죠. 그래서 유해균을 억제하는 프로바이오틱스가 보탬이 된다는 겁니다(그림2). 덧붙이자면, 프로바이오틱스를 부가처치법으로 사용할 때 잇몸누수가 일

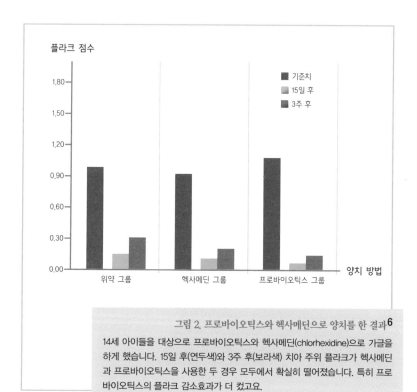

그림 2. 프로바이오틱스와 헥사메딘으로 양치를 한 결과[6]
14세 아이들을 대상으로 프로바이오틱스와 헥사메딘(chlorhexidine)으로 가글을 하게 했습니다. 15일 후(연두색)와 3주 후(보라색) 치아 주위 플라크가 헥사메딘과 프로바이오틱스을 사용한 두 경우 모두에서 확실히 떨어졌습니다. 특히 프로바이오틱스의 플라크 감소효과가 더 컸고요.

어나는 공간인 치주포켓에 직접 주입하는 것이 효과를 더 높일 수 있습니다. 이런 방법은 GPRGuided Periodontal Pocket Recolonization이란 말로 개념화되어 있기도 합니다.[7]

잇몸누수와 염증에 대한 대응책으로 가장 나중에 고려해야 할 것은 약입니다. 잇몸염증이 심하면 진통소염제나 항생제가 필요할 수도 있으니까요. 하지만 이럴 경우에도 프로바이오틱스가 도움이 될 수 있습니다. 진통소염제가 만드는 장누수를 프로바이오틱스가 완화시켜 주거든요.[8] 잇몸염증이 너 심해 항생제까지 먹어야 할 때에도 프로바이오틱스의 병용요법이 고려되어야 합니다. 치과에서 심한 잇

그림 3. 잇몸누수와 염증에 대한 대응책, 프로바이오틱스

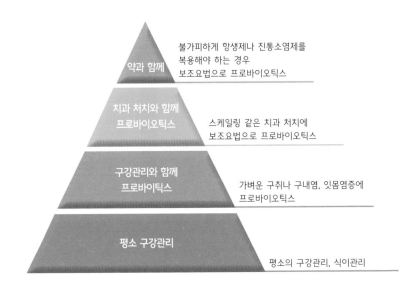

약과 함께 — 불가피하게 항생제나 진통소염제를 복용해야 하는 경우 보조요법으로 프로바이오틱스

치과 처치와 함께 프로바이오틱스 — 스케일링 같은 치과 처치에 보조요법으로 프로바이오틱스

구강관리와 함께 프로바이오틱스 — 가벼운 구취나 구내염, 잇몸염증에 프로바이오틱스

평소 구강관리 — 평소의 구강관리, 식이관리

구강건강을 위해 우리가
사용할 수 있는 방법들

물리적 방법

- 칫솔질
- 치간칫솔
- 구강세정기
- 스케일링

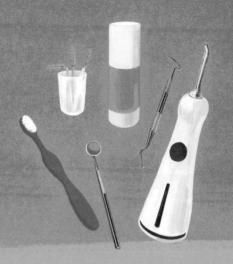

화학적 방법

- 치약
- 가글
- 헥사메딘 같은 항균액
- 항생제
- 진통소염제

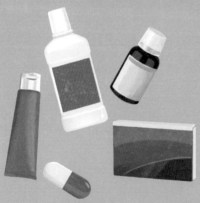

생물학적 방법

- 프로바이오틱스

몸염증 치료나 발치 후 항생제를 복용한다면 장내 상주세균 군집의 파괴는 피할 수 없겠죠. 치과에서 항생제 처방 이후 설사나 변비, 소화불량 등을 호소하는 환자들이 꽤 있는데, 이런 증상을 초래하는 가장 큰 이유는 장내 상주세균 파괴 때문이죠. 프로바이오틱스 유산균은 이런 항생제로 인한 설사antibiotic d diarrhea를 예방하거나 줄이는 효과가 있습니다. 해서 치과에서 항생제를 처방할 때는 꼭should 구강유산균을 함께 처방하라 권하는 문헌도 있습니다.[9] 또 프로바이오틱스를 복용할 때는 항생제 복용 후 1시간 30분 정도 지난 다음에 하라고 합니다.

다른 곳의 건강도 마찬가지이지만, 구강건강을 위해 우리가 사용할 수 있는 방법은 세 가지로 나누어볼 수 있습니다. 칫솔질이나 치과 처치 같은 물리적 방법, 치약이나 가글액, 약을 사용한 화학적 방법, 나머지 하나는 프로바이오틱스를 이용한 생물학적 방법입니다. 이 가운데 프로바이오틱스는 생물학적으로 미생물을 컨트롤하는 방법으로, 21세기 바이오 시대에 좀 더 적합한 생명친화적인 방법일 수 있고요.

건강한 잇몸 만들기 - 잇몸누수는 이제 그만~

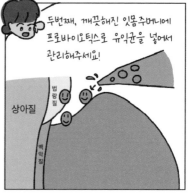

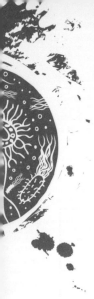

아토피와 무좀
경험을 바탕으로

피부 문제를 경험하신 적이 있으신가요? 아토피, 비듬, 무좀, 습진 같은 피부 문제는 많은 사람들이 한번쯤은 경험하셨을 듯합니다. 저도 두피가 가렵고 가끔 비듬이 생기기도 했습니다. 심해지면 스테로이드 연고를 바르기도 했고요. 그러다 먹고 있는 프로바이오틱스를 물에 녹여 발라보았어요. 많이 좋아졌습니다. 그후로 스테로이드 연고는 발라본 적이 없으니까요.

실은 이건 저만의 비법이라거나 독창적인 아이디어는 아닙니다. 연구를 따라해본 것이죠. 비듬이 많이 생기는 사람들에게 프로바이오틱스를 바르게 했더니 2주 만에 많이 좋아졌다고 해요.[1] 두피 가려움이나 비듬은 말라세지아*Malassezia* 같은 진균이 많이 증식해서 생기는 경우가 많은데, 프로바이오틱스가 이걸 억제한다는 거죠.

직접 바르는 게 아니라 먹는다면 어떨까요? 프로바이오틱스 유산균을 먹었을 때 효과를 살펴본 연구도 있습니다.[2] 두피 발적이 있는 사람 60명을 무작위로 나누어 30명에게는 위약을 먹게 하고, 나머지 30명에게는 락토바실러스*Lactobacillus* 계열 프로바이오틱스를 64일간 하루 한 포씩 복용하게 한 겁니다. 제가 평소 먹는 프로바이오틱스 유산균도 락토바실러스에 속하는데, 이런 유산균을 비듬이 많은 사람들에게 써본 거예요. 비듬의 양(그림1)이나 두피 발적(그림2), 본인이

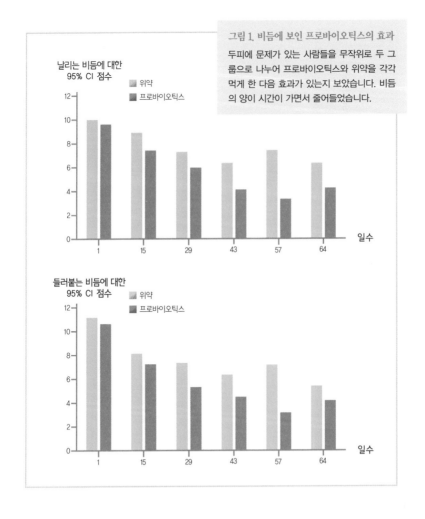

그림 1. 비듬에 보인 프로바이오틱스의 효과
두피에 문제가 있는 사람들을 무작위로 두 그룹으로 나누어 프로바이오틱스와 위약을 각각 먹게 한 다음 효과가 있는지 보았습니다. 비듬의 양이 시간이 가면서 줄어들었습니다.

스스로 평가하는 느낌(그림3)이 위약을 먹은 그룹에 비해 확실히 좋아
진 효과를 보였습니다.

비듬이나 두피 발적 외에도 프로바이오틱스 유산균은 아토피, 여
드름, 습진, 안면홍조Rosacea 등 여러 피부 문제를 완화시킵니다.[3]

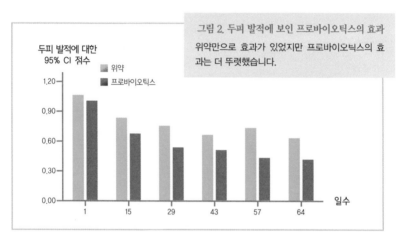

그림 2. 두피 발적에 보인 프로바이오틱스의 효과
위약만으로 효과가 있었지만 프로바이오틱스의 효
과는 더 뚜렷했습니다.

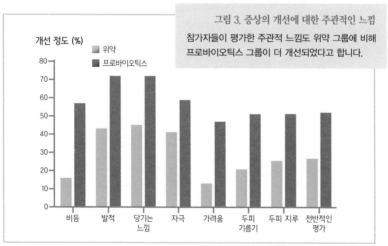

그림 3. 증상의 개선에 대한 주관적인 느낌
참가자들이 평가한 주관적 느낌도 위약 그룹에 비해
프로바이오틱스 그룹이 더 개선되었다고 합니다.

또 피부에 상처가 났을 때 치유를 촉진하기도 하죠. 심지어 피부의 항노화 효과도 기대할 수 있다고 하네요.[3] 아마도 이런 효과가 프로바이오틱스가 먹는 화장품으로 시판되는 이유일 겁니다.

저는 두피 문제 외에도 대표적 피부질환 중 하나인 무좀, 특히 발톱무좀도 오랫동안 가지고 있습니다. 30~40대까진 발가락 사이에도 무좀이 있었죠. 발에 땀도 많이 나서 발냄새도 늘 신경이 쓰였고요. 그러나 지금은 발무좀은 완치라 해도 좋을 듯합니다. 발가락 사이나 발바닥, 뒤꿈치 어디도 가려워 신경 쓰이는 곳이 없으니까요. 다만 발톱무좀만은 아직도 진행중입니다.

그래도 최근에는 발톱무좀 역시 많이 좋아졌습니다. 프로바이오틱스를 사용하면서 나타난 효과입니다. 물에 프로바이오틱스를 풀어 발을 담갔거든요. 이 효과는 주관적인 제 느낌만은 아닙니다. 찍어 놓은 사진을 비교해 보니, 좋아진 것이 외견상으로도 드러났습니다 (아래 사진). 물론 아직 완치된 것은 아닙니다. 그래도 최소한 먹는 무좀약은 고려하지 않을 것입니다. 이유는 이렇습니다.

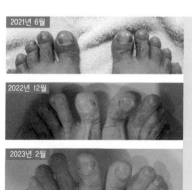

2021년 6월

2022년 12월

2023년 2월

프로바이오틱스를 푼 물에 담기 전과 후
2022년 12월부터 프로바이오틱스를 푼 물에 무좀이 있는 발을 담그기 시작했습니다. 불과 몇 개월 만에 발바닥이나 발가락 사이의 무좀은 완전 퇴치되었습니다. 발톱무좀은 많이 좋아지긴 했지만, 완전히 나은 것은 아니고요.

기본적으로 무좀을 일으키는 피부사상균은 완치 혹은 박멸하지 않아도 됩니다. 녀석들은 우리 몸의 껍질keratinized tissue을 먹고 사는 녀석이거든요.[4] 피부의 각질층이나 발톱 같은 것들이죠. 이 껍질은 이미 죽은 세포들인 거고요. 죽은 세포들을 해체하는 것은 기본적으로 피부사상균이 속하는 진균fungus의 역할이기도 합니다. 숲속 나무 아래 서식하는 버섯(진균)이 나무 껍질을 해체해 먹고사는 것과 같은 이치이고, 진균이 생태순환에서 분해자decomposer로 분류되는 이유이기도 하죠.

그러니 무좀이 있다 해도 각질층 안쪽이나 발톱 안쪽까지 감염이 확산되지는 않습니다. 살아 있는 피부사상균은 우리 몸 세포층의 방어막을 뚫을 능력이 없기 때문입니다. 제 발에서 무좀 부위가 퉁퉁 부은 적이 없는 것은 그 때문이죠. 무좀이 전신염증을 가져와 제 생명을 위협할 가능성은 거의 없다는 것입니다.

반면 먹는 약이 주는 부작용은 큽니다. 기본적으로 모든 약은 여러 부작용을 피할 수 없는데, 무좀약의 경우 특히 간독성으로 잘 알려져 있죠. 드물기는 하지만 간의 괴사necrosis가 일어난 경우도 있습니다.[5] 게다가 먹는 무좀약은 오래 먹어야 합니다. 기본적으로 3~6개월은 먹어야 하죠. 오래 먹으면 간기능에 문제가 생길 수도 있어 중간중간 간기능 테스트를 하는 경우도 있습니다. 무좀 잡다 우리 몸의 중요한 장기인 간을 망친다면, 이건 빈대 잡다가 초가삼간 태우는 격이 아닐까요?

게다가 무좀약에 대한 저항성이 나타나고 있습니다. 항생제 내성과 같은 현상이죠. 덴마크 환자들을 대상으로 검사한 결과인데, 피부사상균의 무좀약(테르비나핀) 저항성 증가속도는 놀랍습니다(그림4).[6]

먹는 무좀약으로 가장 많이 시판되는 테르비나핀은 피부사상균의 세
포벽을 이루는 에르고스테롤ergosterol의 합성을 차단하는 약인데,
이에 대한 저항성이 확산되고 있는 것이죠. 세균들 사이에서 항생제
내성(저항성)이 늘어나는 것과 완전히 같은 원리입니다. 세균이든 진
균(피부사상균)이든 생명체이고, 환경이 바뀌면 그에 적응하는 것이
당연한 생명의 힘이니까요. 항생제 저항성의 출현이 당연하듯이, 항
진균제에 대한 저항성의 출현과 확산도 너무나 당연한 일이죠. 항진
균제 저항성이 있는 피부사상균이 있는 환자라면 약을 먹어도 소용
이 없습니다. 약이 휘두르는 칼이 피부사상균은 베지 못하고 간만 망
칠 수 있다는 겁니다.

해서 최근에는 먹는 무좀약에 대한 저항성 검사가 필요하다는 연
구 결과도 나오고 있습니다.[7] 하지만 검사 결과 저항성이 있음을 확
인해도 대안이 마땅치 않습니다. 아직 일반화되고 있지도 않고요. 근

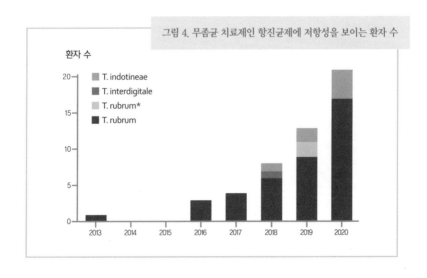

그림 4. 무좀균 치료제인 항진균제에 저항성을 보이는 환자 수

본적으로 대체 이런 검사 자체가 얼마나 의미 있을까요? 아예 안 먹으면 될 일인데 말이죠. 물론 가렵기도 해서 불편하고 보기도 좋지 않지만, 달리 큰 문제를 일으키지도 않는 녀석을 굳이 박멸해야 할까요? 간까지 상하면서 말이에요.

그렇다고 마냥 두고 보기만 할 수는 없습니다. 완전한 박멸은 아닐지라도 증상을 완화하거나 겉모습이 나아지는 방법을 찾아야겠죠. 그래서 제가 찾은 방법이 바로 프로바이오틱스 유산균입니다. 그리고 원하는 결과를 얻고 있고요. 그래도 살아남는 녀석들은 그냥 데리고 살까 합니다. 그러다가 부작용 걱정 없는 다른 제제들을 발견하면 가볍게 시도해 보면서요.

바라건데, 피부사상균 녀석들도 우리와 같은 생명임을, 우리가 지구를 터전 삼아 살듯이 우리 몸을 터전 삼아 살아가는 생명임을 받아들였으면 합니다. 우리가 지구를 망치지 않도록 자제해야 하듯이 녀석들이 우리 몸을 망치지 않도록 관리해야 하지만, 박멸을 목표로 삼는 것은 우리 스스로에게도 위험한 일임을 이해하기를 바랍니다.

무좀, 프로바이오틱스로 퇴치한다?!

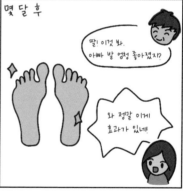

코에서 폐까지,
그리고 프로바이오틱스

코는 우리가 호흡하는 공기와 우리 몸이 처음 접촉하는 공간이죠. 코로나19에서 경험하였듯 공기에는 바이러스를 비롯한 수많은 미생물이 포함되어 있습니다. 코 점막은 우리 몸 '내부로 향하는' 공기 미생물이 지나는 우리 몸의 첫 관문입니다. 코 점막 역시 몇 가지로 이를 방어합니다.

1. 상피세포끼리 탄탄하게 결합하여 물리적 방어합니다.
2. 상피세포를 점액으로 덮고 항균물질을 분비해 보호합니다.
3. 코 점막에 상주하는 세균과 균형을 유지하면서 병원균이 살지 못하게 견제합니다.

상주세균이 병원균을 견제하는 것은 피부, 구강, 대장·소장을 포함해 우리 몸 모든 곳에서 일어나는 현상입니다. 그래서 상주세균과

178

의 균형이 중요합니다. 코의 앞쪽은 피부와 비슷하게 포도상구균이 많이 상주하지만, 코 뒤쪽으로 가면서 상주세균은 조금씩 변합니다. 그러다 목 뒤에서 입과 코가 합쳐지는 구강인두oropharynx에 이르면 세균의 양도 대폭 많아지고 종류도 바뀝니다(그림1). 원래 세균이 많은 구강에서 넘어오는 연쇄상구균 같은 세균들이 합류하기 때문이죠. 이런 상주세균들이 서로 균형을 이루어 점막면역이 잘 유지되면 감기로부터 자유로워지고, 이게 깨져서 병원균들이 견제되지 못하면 인후염, 편도염 등으로 고생하게 되는 거죠.

우리가 일상에서 경험하는 것처럼 알레르기성 비염이나 감기를 비

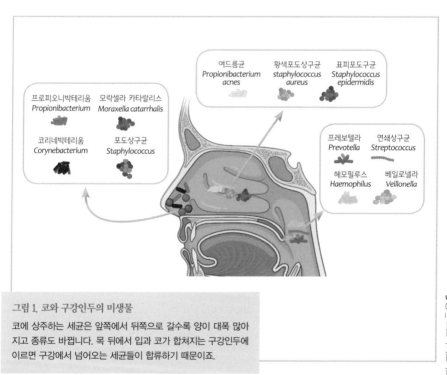

그림 1. 코와 구강인두의 미생물
코에 상주하는 세균은 앞쪽에서 뒤쪽으로 갈수록 양이 대폭 많아지고 종류도 바뀝니다. 목 뒤에서 입과 코가 합쳐지는 구강인두에 이르면 구강에서 넘어오는 세균들이 합류하기 때문이죠.

롯한 호흡기에는 자주 문제가 발생합니다. 이럴 땐 다음처럼 변화가 일어나죠.[1]

먼저 코 점막의 물리적 방어기능이 훼손됩니다. 피부에 상처나 알레르기가 생겼을 때 세균이 침투하는 것처럼, 장누수와 잇몸누수가 생기는 것처럼, 여기서도 누수가 발생한다는 거예요. 코 점막층은 세포층 1~2개 정도로 얇아서 상피세포층이 두꺼운 피부나 구강점막보다 쉽게 훼손될 가능성이 있고요. 그래서 이 부위에서 자주 문제가 생기는 거죠(표1).

호흡기에 문제가 생기면 미생물도 바뀝니다. 콧속의 상주세균이 연쇄상구균이나 포도상구균에서 병원균 쪽으로 바뀌죠. 우리 몸(코점막, 면역)의 훼손이 먼저냐 콧속 미생물의 변화가 먼저냐는, 마치 닭이 먼저냐 계란이 먼저냐처럼 쉽게 단정하긴 어려운 문제입니다.

표 1. 피부와 코, 구강, 장의 표면 비교

	피부	코	구강	장
각질층	있음	없음	부분적으로 있음	없음
상피세포층	5~7개층	1~2개층	5~7개층	1개층
세포간 결합	서로 긴밀	서로 긴밀	서로 긴밀	서로 긴밀
대표 상주세균	포도상구균 코리네박테리움 프로피오니박테리움	포도상구균 코리네박테리움 연쇄상구균	연쇄상구균 네이세리아 헤모필루스 베일로넬라	박테로이데스 프리보텔라
문제	피부질환 아토피	비염, 감기 상악동염 알레르기	치주염, 충치 잇몸누수	장염, 변비 장누수증후군
자가면역질환	모두 해당됨			

이 둘이 서로 어우러지고 영향을 미치면서 질병이 시작되고 악화되는 것이겠죠.

그래서 코부터 시작하는 상기도의 문제 역시 예방하거나 완화시키는 데 프로바이오틱스가 도움이 됩니다. 무작위 임상연구 결과도 그래요. 초등학교 1학년 정도의 아이들을 무작위로 두 그룹으로 나누어 한 그룹에 구강유산균을 복용시키며 인후염이나 편도염이 얼마나 발생하지를 관찰했어요.[2] 구강유산균을 복용한 그룹에서는 1년 동안 감기에 걸린 아이들이 3.38%였고, 복용하지 않은 그룹에서는 6.66%가 감기에 걸렸습니다. 아이들이 아파 학교에 가지 못한 날을 합해 보니 각각 429일과 927일로 두 배 이상 차이가 났고요. 이런 연구를 모두 모아 체계적으로 검토해주는 코크런 데이터베이스Cochrane Database of Systematic Review에서도 프로바이오틱스가 감기상기도 감염, URI에 걸릴 가능성을 절반 가까이 줄이고, 설사 감기에 걸렸다 하더라도 항생제를 먹어야 하는 경우도 절반 가까이 줄여준다고 인정합니다.[3]

먹는 프로바이오틱스가 아이들의 목감기나 편도염, 인후염을 예방할 수 있다는 것은 원리적으로 보면 당연한 것입니다. 우리 몸과 오랫동안 공존해온 미생물이 상기도감염을 일으킬 수 있는 화농성 연쇄상구균Streptococcus pyogens, 폐렴균Streptococcus pneumonia 등과 경쟁하며 녀석들의 서식을 방해하여 감염을 예방할 수 있다는 거죠. 그 외에도 많은 프로바이오틱스 유산균들이 병원균에 대한 독성물질bacteriocin을 만들어 심지어 병원균을 죽이기까지 하니까요.[4] 구강유산균으로 쓰이는 프로바이오틱스는 상기도에 염증을 일으킬 수 있는 세균들이 바이오필름biofilm을 만드는 것을 억제할 수도 있고요(그림2).[5] 말하자

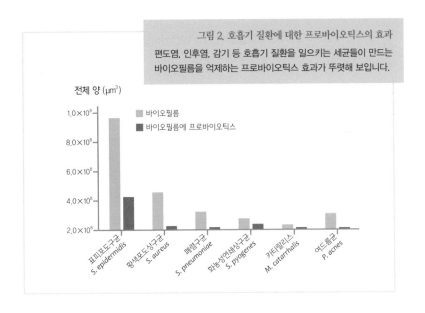

그림 2. 호흡기 질환에 대한 프로바이오틱스의 효과
편도염, 인후염, 감기 등 호흡기 질환을 일으키는 세균들이 만드는
바이오필름을 억제하는 프로바이오틱스 효과가 뚜렷해 보입니다.

면, 병원균들이 서로 뭉쳐서 스스로 생존력을 높이고 동시에 우리에
게는 감염의 위험을 높이는 세균들의 도시(바이오필름)를 만들지 못
하게 방해해서 뿔뿔이 흩어지게 한다는 거예요.

만약 저의 아이가 아직 어려 목감기가 잦다면, 구강유산균을 따뜻
한 물에 타서 입안에서 가글가글 하며 오래 머금게 한 다음에 삼키게
할 것입니다. 입속에 머물면서 구강유해균도 직접 억제하고, 삼켜서
면역도 올릴 수 있도록 말이죠. 진지발리스 같은 구강유해균, 입속세
균이 많아져서 구강미생물 군집에 불균형이 발생하면 치주염과 함께
비염의 발생 가능성을 높이니까요.[6] 감기에 걸리면 양치를 잘 하라
고 권하는 이유이기도 하죠.

호흡기 건강에도 프로바이오틱스!

락토바실러스의 독재를 돕는 프로바이오틱스

미생물의 눈으로 보면, 여성의 질과 구강은 비슷한 면이 많습니다. 당연히 차이점도 많죠. 공통점과 차이점을 알면 여성 생식기 관리를 어떻게 하는 게 좋을지, 프로바이오틱스가 어떻게 쓰일 수 있을지가 분명하게 드러납니다.

먼저 공통점은 이렇습니다.

여성 생식기와 구강은 모두 점막으로 덮여 있습니다. 피부와 장점막, 호흡기점막과 마찬가지로 상피세포epithelial cell를 통해 우리 몸의 맨 바깥층을 형성하죠. 당연해 보이는 이 모습은 우리 몸을 상주 미생물과의 통합체로 보는 통생명체holobiont 관점에서 보면 매우 중요합니다.

우리 몸을 가장 단순한 형태로 그리면 가운데가 외부로 뻥 뚫린 관 모양이 됩니다.[1] 바깥은 피부로 덮여 있죠. 뻥 뚫린 안쪽은 가장 중요한 소화기(가운데)를 비롯한 호흡기와 요로 생식기이고, 이 부분은 모두 외부로 열려 있습니다. 늘 외부물질(음식, 공기, 미생물)이 오가는 곳이죠. 그러기에 이곳은 외부물질, 그 중에서도 미생물과 우리 몸의 긴장과 평화가 절묘하게 균형을 이뤄야 하는 곳입니다. 반대로 균형이 깨지며 문제(질병)가 발생하는 곳이기도 하고요(잇몸염증, 장염, 감기, 폐렴, 질염 등등).

그 중에서도 구강과 여성 생식기는 외부와 가까워 특히 미생물에 쉽게 노출됩니다. 질병과 염증 같은 문제의 발생에 미생물이 관여하지 않을 수 없죠. 구강 문제 중에서 가장 흔한 잇몸염증과 여성 생식기에서 자주 일어나는 질염의 주범은 세균이나 진균(캔디다)입니다. 바이러스도 한몫해서 입술을 물어뜯는 헤르페스Herpes 바이러스는 구강암의 위험요소로, 여성생식기의 인간유두종 바이러스HPV는 자궁경부암의 위험요소로 늘 거론됩니다.

이 두 부위에서 각각 우리 몸을 보호하는 타액과 질액vaginal fluid에 특별한 항균물질이 함유되어 있는 것은 그 때문일 것입니다. 외부로 열려 있는 구조상의 요구가 만든 안전장치라는 거죠. 타액에는 라이소자임lysozyme, 락토페린lactoferrin 등의 여러 항균물질이 있고, 질액에는 39개 정도의 항균물질이 있다고 합니다.[2]

두 부위에서 생기는 암종carcinoma의 종류도 같습니다. 모두 표면을 둘러싼 상피세포 중 편평상피扁平上皮(그림1)에 생기는 세포암squamous cell carcinoma입니다. 암들이 생기고 진행되는 기전 역시 같아서, 염증과 같은 자극에 의해 상피층이 훼손되고 그후 그 변화가 상피층을 넘어 점점 안쪽 조직으로 침투하고, 변형되고, 전이되는 과정도 동일합니다.[3]

물론 구강과 여성 질은 차이점도 많습니다. 소화기의 입구(구강)와 요도생식기의 말단(질)으로서 해부학적 구조나 위치, 역할이 모두 다른 건 당연하겠죠.

미생물 입장에서 볼 때 구강과 질의 가장 큰 차이는 산성도입니다. 구강의 산성도는 약한 산성이거나 거의 중성(pH 7)에 가깝습니다. 하지만 여성의 질은 pH 4 정도입니다. 우리 몸을 덮고 있는 피부나 점막 모두가 정도의 차이는 있어도 모두 산성을 띠는데, 질은 위장(pH 2 부근) 다음으로 강한 산성인 거죠.

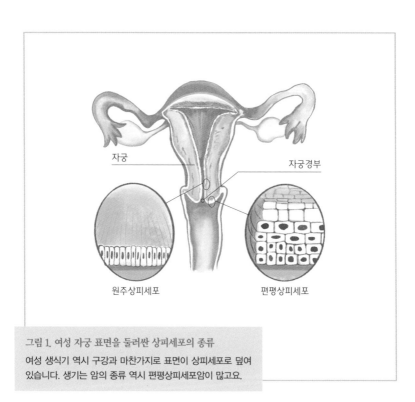

그림 1. 여성 자궁 표면을 둘러싼 상피세포의 종류
여성 생식기 역시 구강과 마찬가지로 표면이 상피세포로 덮여 있습니다. 생기는 암의 종류 역시 편평상피세포암이 많고요.

왜 질은 이렇게 강한 산성을 띠는 걸까요? 왜 그렇게 진화했을까요? 여러 이유가 있을 테지만, 이 역시 위장에 위산이라는 강한 산성 물질이 있는 것과 동일할 것입니다. 앞에서 얘기했듯, 일종의 살균장치인 거죠. 식초초산, acetic acid로 과일을 세척하는 이유와 마찬가지로 우리 몸의 산성 액체 역시 살균장치라는 거죠. 산acid을 통해 통생명체인 우리 몸에서 공존할 미생물을 걸러내기 위한 자연선택natural selection 장치이기도 할 것이고요. 이 점이 구강과 질의 결정적 차이고, 그에 따라 구강과 질에 상주하는 미생물의 종류가 달라집니다.

산성인 질의 환경에서 공존세균으로 살아남은 녀석들은 락토바실러스Lactobacillus입니다. 여성의 질은 미생물의 눈으로 보면, 매우 독특한 공간입니다. 락토바실러스에 의해 압도적 독재가 이뤄지고 있으니까요. 락토바실러스는 여성의 질 전체 미생물 분포 중 70% 이상을 차지하는데, 구강·장·피부·폐를 막론하고 우리 몸의 어디에도 하나의 종류속, genus가 이렇게 압도적 비율을 차지하는 곳은 없습니다.[4]

질에서 락토바실러스의 압도적 독재가 가능한 것은 산acid을 만들어 자신이 살고 있는 공간(질)을 산성화하고, 스스로는 산에 견딜 수 있는 내산성acid tolerance이 있기 때문입니다. 락토바실러스는 산을 만들어 산성화하고 다른 병원균이 살지 못하게 살균하여 질 환경을 보존하면서 여성의 몸과 함께 공진화 공존해온 것이죠.

질에서 락토바실러스의 독재가 깨지면 다양한 세균들이 많아지는데, 특히 혐기성 세균들이 많아지면 세균성 질염이 발생합니다. 이점 역시 여성 질의 매우 독특한 면입니다. 장이든 구강이든 다른 곳에선 상주세균 군집에서 다양한 세균들이 사는 것diversity이 건강한 미생물 생태계이고, 그 다양성이 깨지면 질병이 생길 가능성이 높아지는데, 여성 생식기는 정반대인 것입니다.

해서 락토바실러스의 독재가 깨지고 프레보텔라세아에*Prevotellaceae*나 가드네렐라*Gardnerella* 같은 세균의 종류가 늘어나면, 여성 질에서 pH 수치가 올라갑니다. 그러면 냄새와 분비액, 가려움증 같은 증상을 가져오는 질염이 생길 수 있죠. 또 락토바실러스의 독재가 깨지면 자궁경부암을 일으킬 수 있는 HPV 바이러스나 헤르페스 바이러스 등이 활개칠 가능성도 높아집니다. 락토바실러스는 이런 바이러스에 대해서도 방어 효과가 있는데, 락토바실러스의 수가 줄면서 이 능력이 떨어지니까 바이러스들이 더 기승이 되는 거죠.[5]

그럼 외부에서 많은 미생물이 직접 들어오는 구강은 왜 질처럼 산성 환경으로 진화하지 않았을까요? 모를 일이지만, 아마도 산의 자극성 때문이 아니었을까 싶습니다. 구강은 우리 몸 전체에서 감각이 가장 예민한 곳입니다. 운동피질과 감각피질의 비율을 기준으로 신체를 재구성한 호모쿨루스의 그림을 보면(그림2),[6] 구강의 감각, 그중에서도 미각이 얼마나 예민한지 바로 알 수 있습니다. 이처럼 감각이 예민한 구강은 산성 환경을 허용할 수 없었을 겁니다. 저는 귤이 조금만 셔도 얼굴이 찌푸려지는데, 정도의 차이는 있겠지만 신맛은 우리 모두에게 자극적이니까요. 해서 구강은 중성으로 남겨두되, 대신 구강 아래에 강한 위산을 대기해 놓는 쪽으로 진화하지 않았을까 합니다.

비슷하면서도 다른 여성의 질과 구강의 비교해 보면 위생관리 방법과 프로바이오틱스의 함의가 좀 더 선명해집니다.

먼저, 적절한 위생활동이 중요합니다. 너무 과한 항생제 사용이 오히려 아토피나 천식 같은 자가면역질환을 더 가져올 수 있고 항균비누의 과한 사용이 피부건강에 좋지 않다는 위생가설hygiene hypothesis의 지적은 질 건강에서도 타당합니다. 화학적 계면활성제가 가득한 치약을 삼가는 것처럼 바디샴푸 등으로 너무 자주 질을 세척하는 것도 자제해야 한다는 겁니다. 계면활성제 세정제는 모두 염기성으로 질의 산성환경을 무너뜨리기 때문입니다.

99.9% 살균한다는 가글액이나 헥사메딘을 삼가야 하는 것처럼, 지노베타딘과 같은 강한 항균제도 꼭 필요할 때에만 한정적으로 사

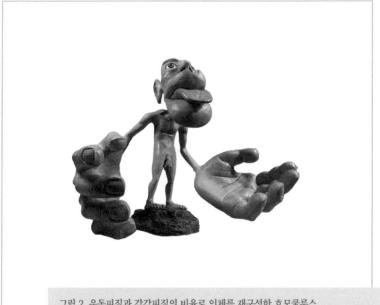

그림 2. 운동피질과 감각피질의 비율로 인체를 재구성한 호모쿨루스
우리 몸은 각 부위별로 운동피질과 감각피질이 차지하는 비중이 다릅니다. 손가락이나 입술, 눈 등은 운동피질이 넓고, 혀와 성기, 손 등은 감각피질이 넓습니다.

용해야 합니다. 이런 강한 항균제들은 먹는 항생제와 마찬가지로 구강과 여성 질에 정상적으로 상주해야 하는 미생물까지 살균하기 때문입니다.

프로바이오틱스 유산균이 구강건강과 질건강에 도움될 것도 분명합니다. 프로바이오틱스로 쓰이는 락토바실러스는 질의 상주세균인 락토바실러스를 보충하여 유산균 독재를 보강합니다. 또 질의 산성환경을 유지함으로써 질건강에 도움이 될 것입니다.

표 1. 비슷하면서도 다른 구강과 여성의 질

	구강	여성의 질
분류	• 소화기의 시작	• 요로생식기의 말단
세균 종류	• 연쇄상구균, 네이세리아 등 다양한 세균 존재	• 락토바실러스 비율이 압도적으로 높음
pH	• 6.6~7.0 • 중성에 가까움	• 3.5~4.5 • 우리 몸에서 위장 다음으로 강한 산성
공통점	• 점막으로 덮여 있음 • 습함. 점막을 코팅하는 타액과 질액에 항균물질이 함유되어 있음 • 점막에 미생물이 상주함 (점막은 우리 몸과 상주세균의 긴장과 평화의 공간) • 미생물과의 긴장과 평화가 깨지면서 염증이 자주 생김 • 바이러스에 의한 영향을 많이 받음 (Herpes, HPV 등) • 자주 생기는 암이 편평상피세포암이며, 암 발생에 미생물이 연관됨	
평소 위생관리	• 미생물 친화적으로 바뀌어야 함 • 헥사메딘, 베타딘 사용 자제, 항생제 사용 자제 • 프로바이오틱스를 통한 질병 예방 가능함 (여성의 질이 더 쉬울 수 있음) • 가글, 질 세정액는 같은 원리	

어찌 보면 프로바이오틱스는 구강건강이나 장건강보다 질건강에 더 도움이 될 수 있습니다. 질염이 반복되는 분들께는 병원에서 처방되는 항생제는 심한 경우에만 드시고, 대신 프로바이오틱스 유산균으로 예방과 관리를 해보시길 권합니다.

질건강을 위해 프로바이오틱스를 사용할 때에는 질에 직접 넣는 좌약 형태가 더 효과적일 수 있습니다. 구강에 프로바이오틱스를 오래 머물게 해서 효과를 높이려는 것처럼 말입니다. 세정이 필요한 경

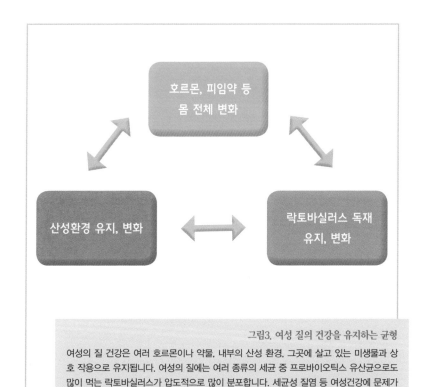

그림3. 여성 질의 건강을 유지하는 균형
여성의 질 건강은 여러 호르몬이나 약물, 내부의 산성 환경, 그곳에 살고 있는 미생물과 상호 작용으로 유지됩니다. 여성의 질에는 여러 종류의 세균 중 프로바이오틱스 유산균으로도 많이 먹는 락토바실러스가 압도적으로 많이 분포합니다. 세균성 질염 등 여성건강에 문제가 생겼을 때 락토바실러스 프로바이오틱스가 도움이 되는 것은 당연한 일일 겁니다.

우 드시는 프로바이오틱스를 물에 녹여 사용하든지, 아예 유산균으로 만든 질 세정제를 찾아보시는 것도 한 방법입니다. 질건강을 위해 프로바이오틱스를 복용할 때에도 구강에 오래 머물게 하고 드시는 것이 좋습니다(자세한 내용은 4장 참조).

여성건강 지킴이, 락토바실러스!

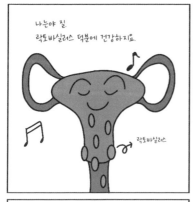

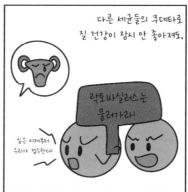

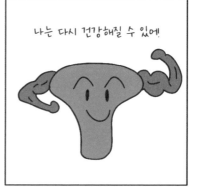

사이코바이오틱스,
마음건강을 위한 프로바이오틱스

우울증이란 말을 들을 때마다 떠오르는 말이 있습니다. "북한산 다람쥐는 우울증을 걸릴 겨를이 없다."는 법륜 스님의 말씀입니다. 추위와 배고픔을 해결하기 위해 늘 자연과 씨름해야 했던 과거의 호모 사피엔스들에게도 우울할 겨를이 없었을 것입니다. 지금 우리가 먹고사는 것이 해결되고 삶의 안전성이 높아져가는 시대에 사는 것은 분명 축복입니다. 하지만 그 와중에 수돗물에 아예 항우울제를 타면 좋겠다는 약사님의 농담이 있을 정도로 우울증이 만연합니다.[1]

우울증약을 복용하는 사람들이 늘어갑니다. 하지만 늘 그렇듯 독의 또다른 얼굴인 약은 늘 부작용을 동반합니다. 특히 우울증에 가장 많이 처방되는 선택적-세로토닌-재흡수-차단제SSRI: selective serotonin reuptake inhibitor, 상품명 프로작, 졸로푸트 등 같은 우울증약은 오히려 자살충동까지 더 불러일으킨다는 역설적 우려감까지 있는 상황입니다.[2] ■

194

증상이 심해서 급할 땐 약이 필요합니다. 하지만 상황이 급박해지기 전에 의지를 가지고 프로바이오틱스를 포함한 보다 통합적 접근을 할 필요가 있지 않을까 싶습니다. 프로바이오틱가 우울증이나 치매를 포함한 정신건강, 뇌건강에 도움이 될 수 있으니까요.

먼저 유럽의 유명한 심리학자 파르하에허Paul Verhaeghe의 조언에 따르면,[3] 현대 만연해 가는 정신질환들은 딱지가 붙여지는stigmatized 경향이 있습니다. 예컨대 주요우울장애major depressive disorder라는 이름이 붙은 정신질환이 있습니다. 가끔은 저 역시 우울합니다. 계절의 영향으로 멜랑콜리해진 것일 수고 있고, 그 기간이 길어져 2주 이상 갈 수도 있을 겁니다. 현대 정신과학은 우리가 세상사에서 겪을 수 있는 그런 마음의 부침에 질병명을 붙입니다. 특별히 과학적 생물학적 근거가 있는 것이 아니라, 하나의 우울한 현상을 포착해 질병 이름을 붙이는 겁니다. 주요우울장애라는 '진단명'이 그렇게 탄생합니다.

이렇게 탄생한 진단명은 역으로 저의 우울함을 설명하는 '근거'가 됩니다. 누가 저에게 "너 왜 우울해?"라고 물으면, "응, 나 주요우울장애래."라고 한다는 겁니다. 사람들이 우울해하는 '현상'을 포착해 붙인 이름이 제 우울함의 '근거'가 되어 제게 진단명을 안겨주는 거죠. 그렇게 근거와 현상이 역전되어 저는 주요우울장애 환자로 딱지

■ 자세한 내용은 제 블로그 글을 참조하시기 바랍니다.
https://blog.naver.com/hyesungk2008/222896267422

scan

현대 정신과학은 우리가 세상사에서 겪을 수 있는 마음의 부침에 질병명을 붙입니다. 특별히 과학적 생물학적 근거가 있는 것이 아니라 하나의 현상을 포착해 질병 이름을 붙이는 겁니다. 주요우울장애, 범불안장애 같은 '진단명'이 그렇게 탄생합니다.

붙여집니다.

그게 끝이 아닙니다. 주요우울장애라는 진단명은 SSRI프로작 혹은 졸로푸트 같은 항우울증약을 처방하는 근거가 됩니다.[4] 약을 먹으면 당연히 빠르게 우울함을 덜 수 있을 겁니다. 하지만 항우울제는 앞에서 말한 자살충동 외에도 장내세균을 파괴하고 구강건조증을 더 만듭니다.[5] 그렇게 우울한 사람들은 정말 환자가 되어갑니다.

파르하에허에 의하면, 이런 현상은 다른 정신질환에도 마찬가지로 일어납니다. 공황장애, 과잉행동증후군 등 누구나 한번쯤 살면서 겪을 문제들에 질병명이 붙습니다. 어렸을 적 부산스러웠던 저는 요새 같으면 과잉행동증후군 아이로 분류될 가능성이 있어 보입니다. 범불안장애generalized anxiety disorder라는 병명도 있는데, 진단기준을 보니 병원운영을 포함해 여러 걱정을 늘 달고 다니는 저는 여기에도 해당될 가능성이 커 보이고요. 정신과 의사들과 심리학자들을 위한 정신질환 매뉴얼인 DSMDiagnosis and Statistical Manual에 기술된 병명은 그렇게 늘어갑니다. DSM이 처음 만들어진 1980년대에는 100개 좀 넘었던 병명이 가장 최근판인 2015년 5판에는 500개가 기술되어 있다고 합니다.

상황이 이러하니 우울함이나 불안, 자폐증, 심지어 치매 같은 정신적 문제에 약물 이외의 다양한 접근이 모색되고 있습니다. 그 가운데 프로바이오틱스를 응용해 보려는 시도는 계속 있어 왔고요. 이를 특별히 사이코바이오틱스psychobiotics라고 부르기도 합니다. 사이코바이오틱스는 장건강과 뇌건강이 긴밀히 연결되어 있다는 장-뇌 축Gut-Brain Axis에 기반합니다. 또 장과 뇌를 연결하는 주역은 다름아닌 건강한 장내세균이라는 인식의 다른 표현이기도 하고요.[6]

최근의 메타분석 논문에 의하면, 특히 10억 이상의 고용량 프로바이오틱스를 8주 정도 복용한다면 우울증 감소에 상당한 효과robust effect를 볼 수 있다고 합니다.[7] 예를 들어, DSM 5판 기준으로 주요 우울장애를 진단받은 40명의 환자들을 무작위로 두 그룹으로 나누어 각각 프로바이오틱스와 위약을 8주간 투여한 비교연구에서, 프로바이오틱스 그룹이 BDIBeck Depression Inventory라는 우울증 지표가 뚜렷하게 개선되는 효과를 보였습니다. 더불어 인슐린 저항성이 떨어지고, 만성염증의 지표인 CRP 역시 개선된 효과가 보였네요(그림1).[8] 마음건강과 더불어 몸건강까지 일석이조로 챙긴 셈이죠.

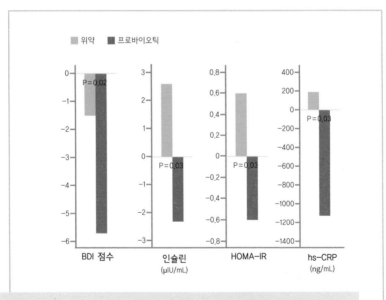

그림 1. 주요우울장애 환자를 대상으로 프로바이오틱스와 위약을 8주간 투여한 비교연구
프로바이오틱스 그룹이 BDI라는 우울증 지표가 확실하게 떨어졌습니다. 더불어 인슐린 저항성(HOMA)이 떨어지고, 만성염증의 지표인 CRP 역시 개선된 효과가 보였습니다.

프로바이오틱스로 인지기능 감퇴를 방어할 수도 있습니다. 인지기능이 조금씩 감퇴해가는 경도인지장애Mild Cognitive Impairment 진단을 받은 노인 80명을 대상으로 임상실험을 했습니다.[9] 프로바이오틱스와 위약 그룹으로 무작위 배분하여 16주간 복용하게 한 것이죠. 프로바이오틱스 복용자들이 인지기능 관련 모든 기능이 좋아졌습니다. 특히 기억기능에서 수치 변화가 큽니다. 이에 비해 위약 그룹은 기능이 감퇴했거나 조금 좋아지는 등 큰 변화를 보이지 못했고요(그림2).

자폐증은 어떨까요? 자폐증을 가진 아이들에게 신바이오틱스(프

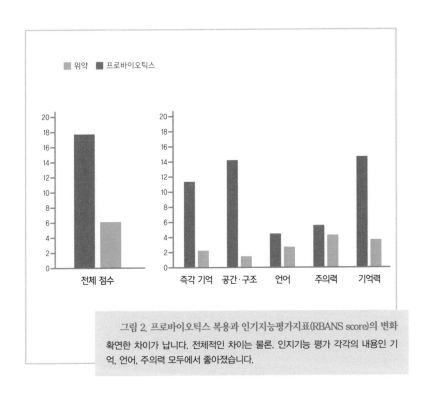

그림 2. 프로바이오틱스 복용과 인기지능평가지표(RBANS score)의 변화
확연한 차이가 납니다. 전체적인 차이는 물론. 인지기능 평가 각각의 내용인 기억, 언어, 주의력 모두에서 좋아졌습니다.

로바이오틱스＋프리바이오틱스)를 3개월 정도 복용하게 한 임상실험 결과 자폐증 관련 여러 증상들이 좋아졌습니다.[10] 장내세균을 검사해보니, 비피도박테리움 같은 유익균들이 처음에는 별로 없다가 점차 증가해 자폐가 없는 아이들과 비슷해졌고, 프로바이오틱스 유산균이 만든 단쇄지방산 역시 처음엔 적다가 증가해서 자폐 없는 아이들과 비슷해집니다(그림3). 반대로 클로스트리디움Clostridium 같은 유해균들은 처음엔 많이 분포하다가 줄어들어서 역시 자폐가 없는 아이들과 비슷해집니다. 특히 인상적인 것은, 장누수 지표로 쓰이는 조눌린Zonulin이라는 단백질의 혈중 농도가 처음엔 높다가 신바이오

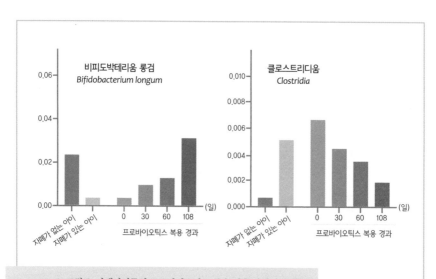

그림 3. 자폐아이들의 프로바이오틱스 복용 전후 장내세균 변화
자폐가 없는 아이(파란색)와 비교해 큰 차이가 나던 자폐아들의 장내세균이 프로바이오틱스를 복용한 후 날이 지나면서(0~108일) 자폐가 없는 아이와 비슷해집니다. 장내세균 중 유익균인 비피도박테리움 롱검은 증가하고, 유해균인 클로스트리디움은 감소했습니다.

틱스 복용 후 점차 줄어들어 자폐 없는 아이들과 비슷해졌다는 겁니다. 세로토닌이나 도파민처럼 뇌 기능과 관련 있는 호르몬들도 처음엔 자폐 없는 아이들과 차이가 많다가 비슷해졌고요. 장내세균과 장, 그리고 뇌의 인과관계가 말 그대로 장내세균-장-뇌 축Microbiome-gut-brain axis을 보여줍니다(그림4).[11]

물론 이런 연구결과에도 불구하고 약이 아닌 (건강기능)식품인 프로바이오틱스 혹은 사이코바이오틱스로 바로 정신건강을 회복하기는 쉽지 않을 겁니다. 뇌는 아직 미지의 영역이고, 감정은 인간 삶의 여러 변화가 반영된 결과일 테니까요. 그러더라도 저는 부작용 많은 SSRI프로작 혹은 졸로푸트 같은 정신질환 약들보다 사이코바이오틱스 요

그림 4. 프로바이오틱스 복용과 자폐증
프로바이오틱스가 아이들 장내세균과 장누수증후군을 호전시키고, 자폐증의 여러 증상을 좋아지게 했다는 연구결과는 장과 뇌가 긴밀하게 연결되어 있다는 장-뇌 축을 연상시킵니다. 먹는 것이 정말 중요함을 보여주는 것이기도 합니다.

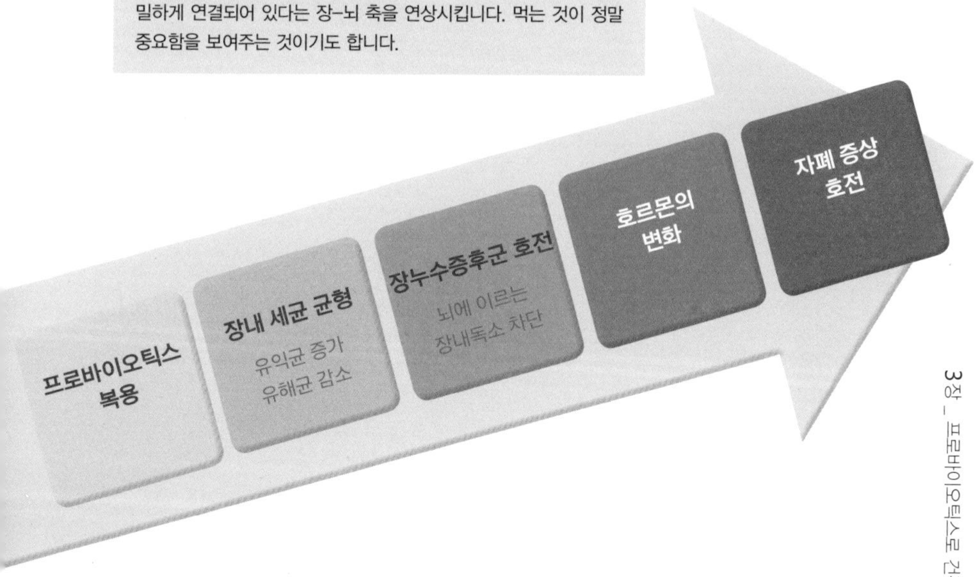

프로바이오틱스 복용 → 장내 세균 균형 (유익균 증가 유해균 감소) → 장누수증후군 호전 (뇌에 이르는 장내독소 차단) → 호르몬의 변화 → 자폐 증상 호전

법을 먼저 시도해 보아야 하지 않을까 싶습니다. 설사 약을 먹더라도 법륜 스님 말씀처럼 급한 불을 끈 다음에는 수행이든 뭐든 몸을 움직여야 할 거고요.

또 프로바이오틱스와 더불어 전체적인 생활습관 점검을 함께 하면 더 효과가 있지 않을까 기대도 됩니다. 우리 뇌를 직접 건드릴 수 없지만, 운동이나 음식을 통해 뇌에 영향을 줄 수는 있을 테니까요. 특히 먹는 것이 중요합니다. 아이들 자폐와 장내세균의 연관을 확연히 보여주는 여러 연구들은 먹는 것이 얼마나 중요한지를 다시 일깨워 줍니다. 장내세균을 좌우하는 것은 바로 음식이니까요. 햄버거나 치킨처럼 초가공음식을 얼마나 먹는지, 심지어 엄마가 무슨 음식을 좋아하고 좋아했는지가 아이들의 정신건강에도 당연히 영향을 줄 수밖에 없지 않겠어요.[12]

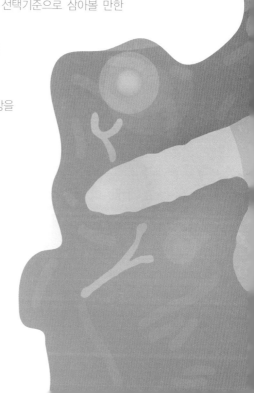

4장

프로바이오틱스,
어떻게 선택하고
어떻게 복용할까

이 장에서는 보다 실용적인 정보를 담으려 했습니다. 시중에 판매되고 있는 프로바이오틱스를 고를 때 선택기준으로 삼아볼 만한 내용들입니다.

- 우선 프로바이오틱스는 식전 공복에
  먹는 것이 좋습니다.
- 모든 프로바이오틱스는 구강에
  오래 머물게 해서 장건강과 구강건강을
  함께 도모하도록 해야 합니다.

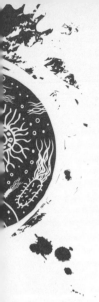

프로바이오틱스, 어떻게 선택할까?

프로바이오틱스, 선택이 쉽지 않습니다. 문헌을 검색해 봐도, 학술적 접근 외에 일상적인 선택에 믿을 만한 기준probiotics selection, criteria, guideline이 되는 것은 거의 없습니다.

지난 수년간 우리 인간의 건강과 미생물의 연관을 연구하면서 저는 나름의 프로바이오틱스 선택기준을 마련했습니다. 제가 생각하는 기준은 몇 가지로 요약됩니다. 하지만 선택기준을 말하기에 앞서 꼭 기억해야 할 전제부터 밝히고자 합니다.

먼저 프로바이오틱스 유산균의 효능은 모두 다릅니다. 설사 같은 종species이라도 개별 품종strain의 효능은 다릅니다. 같은 호모사피엔스라도 개개인의 특징과 능력이 모두 다른 것과 마찬가지죠. 프로바이오틱스의 경우 능력 좋은 게 검증된 것은 비쌀 수밖에 없습니다. 능력 자체보다 그 효능의 검증과정에 비용이 많이 들기 때문입니다. 해서 "싼 게 비지떡"이란 말은 대부분의 프로바이오틱스에도 맞

시중에는 수많은 프로바이오틱스가 나와 있습니다. 어떻게 선택해야 할까요? 선택에 기준이 될 만한 것은 없을까요?

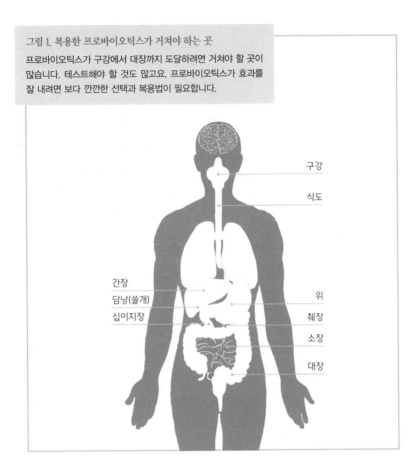

그림 1. 복용한 프로바이오틱스가 거쳐야 하는 곳
프로바이오틱스가 구강에서 대장까지 도달하려면 거쳐야 할 곳이
많습니다. 테스트해야 할 것도 많고요. 프로바이오틱스가 효과를
잘 내려면 보다 깐깐한 선택과 복용법이 필요합니다.

구강
식도
간장
담낭(쓸개)
십이지장
위
췌장
소장
대장

는 말입니다. 기억해야 할 두 번째 전제는 프로바이오틱스는 질병치
료용 약이 아니라는 것입니다. 당연한 말입니다. 다만 다음의 위계적
hierachial 개념을 갖자는 것이죠.

1. 평소 건강을 위해 운동을 하고 음식을 조심하는 건강한 사람이
   라면 프로바이오틱스를 꼭 먹어야 하는 것은 아닙니다. 가장 중

요하고 기본인 것은 생활습관이죠.

2. 전문가의 조언도 필요하지만, 각 개인이 경험을 통해 검증하는 시간도 꼭 필요합니다. 임상실험을 거쳐 효능이 좋다는 결과가 나온 프로바이오틱스라도 모든 사람에게 그대로 적용되는 것은 아닙니다. 특정 개인에겐 가스, 복부 팽만감, 설사, 변비, 위통 등이 있을 수 있습니다. 프로바이오틱스 유산균과 장내 상주세균이 마찰을 일으킨 결과일 것입니다. 그럴 경우엔 프로바이오틱스 복용을 중단하고 며칠 후 다시 복용하거나 다른 것으로 바꿔야 합니다.

3. 모든 프로바이오틱스는 '건강기능식품'이란 표기와 함께, 다음 세 가지 효능 표시가 가능합니다. ① 유산균증식 및 유해균 억제, ② 배변활동 원활, ③ 장건강에 도움. 이 세 가지 효능은 일반고시에 해당하는 것으로, 이것이 표시되어 있다고 해서 특별한 것은 아니라는 것을 기억해야 합니다.

프로바이오틱스 유산균 선택기준step by step

1. 특정 효능을 표시한 제품 _ 개별인정형 프로바이오틱스

예를 들어, 질건강을 위해 프로바이오틱스를 찾는다면 질건강을 명확히 표시한 제품이 좋습니다. 프로바이오틱스 유산균은 요구르트와 같은 일반식품부터 건강기능식품으로 시중에 나온 제품, 특정한 효능을 인정받은 제품으로 구분됩니다(그림2). 만약 질건강에 도움이 된다는 내용이 명확히 표시되어 있다면, 그 제품은 일반고시형 프로바이오틱스보다 한 단계 위인 개별인정형 제품입니다. 유산균 증식과 유해균 억제, 배변활동 원활, 장건강 도움이라는 일반적 효능 외에 질건강에도 도움이 된다는 것을 입증한 제품이라는 거죠. 여기서 입증이란 임상시험을 포함하여 까다로운 식약처(식품의약품안전처)의 인증과정을 거쳤다는 의미입니다.

2. 분리출처지가 인간인 프로바이오틱스

원천기술을 가진 회사라면 특정 프로바이오틱스 유산균을 어디가에서 분리하여, 동정, 배양, 냉동건조, 상품화의 과정을 거칩니다. 여기에서 분리한 곳이 인간이 아닌 돼지 같은 동물이라면 배제하는

그림 2. 프로바이오틱스의 구분

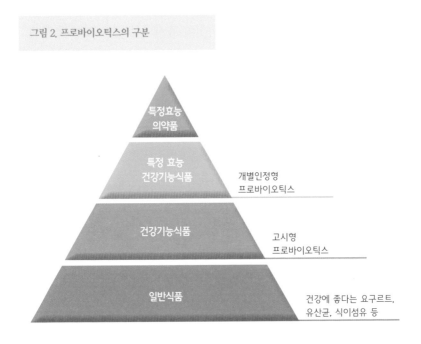

것이 좋습니다.[3] 인간과 오랫동안 공존 공진화해온 미생물을 통해 우리 몸의 건강을 증진한다는 프로바이오틱스의 개념으로 볼 때 인간의 장이나 모유, 구강 등에서 추출한 것이 당연히 유리할 것입니다. 이상적으로는 본인의 몸에서 직접 추출한 프로바이오틱스 유산균을 분리, 동정, 배양, 냉동건조해서 먹는 게 제일 좋을 것입니다. 건강하고 젊을 때 자신의 대변이나 설태 속 유산균을 보관해 나이 들었을 때 보충하는 거죠. 하지만 그런 개별맞춤형personalized은 아직은 실용화되어 있지 않습니다. 실용화되더라도 비용이 엄청날 테고요. 그래서 그 대신 건강한 다른 사람의 대변, 모유, 설태 등에서 분리해 사용합니다. 현재는 이 정도가 가능한 대안입니다.

3. 균수(CFU)

모든 프로바이오틱스는 들어있는 생균수viable cell를 1억에서 수백억, 수천 억까지 CFU로 표기합니다. CFUColony Forming Unit는 군집colony 형성Forming이 가능한 살아있는 세균의 숫자를 의미합니다. 혹자는 이런 수의 생균을 먹어도 대부분 장으로 가는 동안 죽기 때문에 의미가 없다고 합니다. 하지만 이는 절반만 맞는 말입니다. 현재 수준으로는 CFU를 대체할 수 있는 양적 지표가 없습니다. 또 설사 장으로 가는 동안 죽더라도 사균dead cell 역시 일정한 효과를 발휘할 수 있습니다. 포스트바이오틱스postbiotics로서 역할을 하는 거죠. 해서 같은 균주라면 CFU가 많은 것이 효능이 더 좋을 수밖에 없습니다. CFU를 높이는 것이 제조원가의 가장 많은 비중을 차지하기도 합니다.

4. 개별균주의 효능

프로바이오틱스 유산균은 품종strain에 따라 효능이 다르고, 품종이 좋은 군류는 그것을 분리해 제품으로 만드는 원천기술을 보유한 회사의 지적 자산이기도 합니다. 가능하면 품종과 그 품종의 구체적인 효능까지 검토하는 것이 좋습니다. 문제는 제품에 이 모든 걸 표기할 수는 없다는 겁니다. 해서 번거롭더라도 제조사의 홈페이지를 통해 효능을 확인하는 것이 좋습니다. 예를 들어, 구강건강을 위한 프로바이오틱스라면 같은 락토바실러스라도 진지발리스P. gingivalis 같은 구강유해균 억제효과를 가지고 있는지 확인하는 거죠.

5. 복합균주

프로바이오틱스 유산균은 한 종류species, strain로만 만들어진 경우도 있고, 여러 종류를 함께 모은 복합균주multispecies로 만든 칵테일형 제품도 있습니다. 프로바이오틱스를 선택하는 기준으로 단일균주보다는 복합균주 제품이 더 추천됩니다.[4] 아무리 효능이 뛰어난 프로바이오틱스 유산균이라도 여러 효능을 모두 지니는 것은 불가능합니다. 전지전능한 호모사피엔스가 없는 것과 마찬가지죠. 또 그 많은 효능을 모두 입증하는 것도 현재의 의과학 기술로는 불가능합니다. 해서 현재 수준에서는 당연히 복합균주가 유리합니다.

6. 복용 혹은 직접 적용

프로바이오틱스는 기본적으로 복용하는 형태가 일반적이지만, 최근 직접 적용하는 형태로 바뀌고 있습니다. 예를 들어, 피부건강을 위해서라면 먹는 것보다 피부에 직접 바르는 형태가, 질건강이나 구강건강을 위해서라면 질과 구강에 직접 주입하는 형태가 더 효과적입니다.[5] 프로바이오틱스를 복용하는 경우 기대 효과는 장에 유익한 영향을 미쳐 그것이 타깃하는 곳으로 전달되기를 바라는 것일 테지만, 직접 적용한다면 그 기대 효능의 대부분이 바로 그곳에 도달할 테니까요.

7. 신바이오틱스

같은 프로바이오틱스 유산균 균종과 균수라면 유산균의 먹이가 되는 프리바이오틱스prebiotics가 함께 있는 것이 당연히 더 좋습니다. 흔히 말하는 신바이오틱스(프로바이오틱스＋프리바이오틱스)인 거죠. 덧붙여, 같은 이유로 프로바이오틱스를 복용할 때에는 현미나 김치 같은 식이섬유가 풍부한 음식을 더 섭취하는 것이 좋습니다. 이 역시 프리바이오틱스이니까요. 그리고 건강의 기본은 먹는 음식이니까요.

그 외에 생각해볼 문제들

"첨가제, 넣어도 될까요?"

프로바이오틱스를 만들 때 맛을 내는 것도 중요한 변수이기는 합니다. 맛있어야 많이 팔리니까요. 하지만 첨가제는 사용하지 않는 것이 좋겠죠. 프로바이오틱스를 선택할 땐 첨가제를 사용하지 않은 것이 가장 좋지만, 만약 첨가제를 넣은 제품이라면 생체 친화적인 재료를 사용했는지 확인해야 합니다.

"프로바이오틱스 유산균종인 락토바실러스와 비피도박테리움 중 어느 것이 좋을까요?"

결론부터 말하면 비슷합니다. 여러 프로바이오틱스 유산균종 중 이 두 개가 주류를 이루는데, 아직까지 차이는 모르겠습니다. 다만, 질건강을 위해서라면 락토바실러스가 단연 유리합니다. 여성의 질에 원래 살고 있던 상주세균의 70% 이상이 락토바실러스이므로 상주세균의 복원과 유지, 평형을 도울 수 있기 때문이죠.[6]

"프로바이오틱스는 정말 안전할까요?"

안전합니다. 다만 더 안전한 것은 있습니다. 의약품 제조품질관리기준인 GMP에 따른 제조시설에서 생산한 것이 더 안전하죠. 극히 드문 경우이지만, 프로바이오틱스 유산균이 균혈증이나 패혈증을 가져 왔다는 보고도 있습니다.[7] 하지만 이것은 교통사고로 죽을 가능성보다 희박해 보입니다. 김치를 먹고 패혈증에 걸렸다는 것과 다르지 않고요. 김치에도 류코노스톡_Leuconostoc_이라는 유산균이 있으니까요. 프로바이오틱스 원천기술을 확보하려는 제조사의 수준도 그런 면에서 많이 향상되어 자체 테스트를 늘 합니다. 프로바이오틱스 시장이 커가면서 제품생산, 광고내용 등에 대한 심사 심의도 까다로워지고 있고요. 제조사나 판매자에게는 힘든 일이지만, 소비자 보호 차원에서는 당연한 일이죠. 가끔 너무 보수적이고 불필요하게 까다롭다고 생각되는 경우도 있지만, 이런 면에서 우리나라 식약처도 나름 역할에 충실하고 있고요.

"프로바이오틱스는 언제 복용하는 게 좋을까요?"

식전에 물과 함께 복용하는 것이 좋습니다. 세간에 식전에 먹으면 프로바이오틱스가 위산에 노출되어 좋지 않다는 말이 있습니다. 하지만 이는 위산에 대한 단선적 추정일 뿐, 이에 대한 믿을 만한 연구는 찾지 못했습니다. 오히려 식전이 유리하다는 실험결과는 있습니다. 식전에 물과 함께 타액에 섞어 천천히 먹는 것이 프로바이오틱스의 생존율을 높인다는 거죠.[8] 타액과 물에 의해 위산이 일정 정도 중화되는 것입니다. 프로바이오틱스를 음식과 함께 먹는 것도 괜찮은데, 이때는 우유와 오트밀(귀리) 같은 식이섬유를 함께 먹는 것을 권합니다. 반면 식후 30분 후에 먹으면 오히려 생존율이 떨어졌는데, 이때는 음식과 함께 중화되었던 위산의 pH가 내려가서 다시 강한 산성이 되기 때문입니다.

특히 항생제 부작용을 줄이기 위해 먹는 것이라면, 프로바이오틱스 복용은 더욱 식전이 좋습니다. 보통 항생제나 항생제와 함께 처방되는 진통소염제는 위점막을 자극하기 때문에 식후 복용을 권하는데, 프로바이오틱스를 식전에 먹으면 자연히 복용에 시차가 생깁니다. 이렇게 시차가 생겨야 하는 이유는 프로바이오틱스 역시 세균이기에 항생제의 영향을 받지 않을 수 없기 때문입니다. 함께 먹는다면 엑셀과 브레이크를 함께 밟는 격이 되죠.

지금까지 프로바이오틱스를 선택할 때 기준으로 삼을 만한 것들과 더불어 참고할 만한 내용을 정리해 보았습니다. 실제로 도움이 되는 내용을 효과적으로 전달하기 위해 단순화한 부분도 있을 겁니다. 하지만 이 정도가 현재 수준의 경험과 지식에 근거한 제 의견이고 제가 해드릴 수 있는 추천입니다. 앞으로 시간과 관심이 가는 대로 계속 업데이트해 갈 생각입니다.

　다시 한 번 처음으로 돌아가 정리하면 제 의견은 이렇습니다.

　약은 급할 때만 최소한으로!
　건강의 시작은 입속세균 관리!
　건강의 기본은 잘 먹고 잘 싸기!
　프로바이오틱스를 복용할 땐 구강에 오레 머물게!

똑똑하게 프로바이오틱스 선택하는 방법

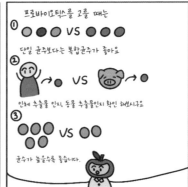

프로바이오틱스
복용방법

　현재 수준에서 프로바이오틱스의 생존율을 정확히 예측하는 것은 어렵습니다. 복용하는 사람에 따라 개인차가 나고 또 프로바이오틱스 유산균의 차이도 많아 일관된 기준을 만들기가 쉽지 않습니다. 그래도 일반적으로 기준을 삼을 만한 프로바이오틱스 복용법은 다음과 같습니다.

- 식전에 먹는다.
- 항생제나 진통소염제와 함께 먹을 경우 약 복용과 시차를 두기 위해 꼭 식전 공복에 복용한다.
- 우유나 물, 통곡물과 함께 먹는다.
- 모든 경우 천천히 입에 오래 머물게 해서 침과 함께 삼킨다.

이 가운데 가장 중요한 것은 "모든 프로바이오틱스는 구강에 오래 머물게 해야 한다"는 겁니다.

저는 임플란트 수술 후 환자들에게 항생제 대신 프로바이오틱스를 권합니다. 아예 병원 엘리베이터에 포스터를 붙여 이를 적극적으로 알리고 있고요(다음 페이지 그림). 기본적으로 저는 항생제 처방을 자제합니다.■ 간단한 발치나 잇몸처치 이후에는 항생제 처방을 하지 않죠. 그래도 인공물이 들어가는 임플란트 수술에는 할 수 없이 술전 술후 항생제를 처방했었는데, 지금은 수술 후 항생제는 처방하지 않습니다. 대신 프로바이오틱스를 처방하고 있고요.

프로바이오틱스를 처방하면서 저는 꼭 덧붙입니다. 처방되는 프로바이오틱스는 두 가지 효과를 향한 것이라고요.■■ 먼저, 이미 수술 전에 복용한 항생제가 정상적인 장내세균 군집을 파괴하고 불균형을 가져왔을 텐데, 이를 회복하기 위함입니다. 말 그대로 유익균 보충을 통해서 장내세균 군집을 복원한다는 거죠. 둘째는 구강유해균을 억제하기 위함입니다. 프로바이오틱스는 구강유해균을 억제하여 염증과 감염을 막을 수 있기 때문에 수술 후 감염을 예방할 수 있죠.

한마디로 구강과 장을 동시에 향한다는 겁니다. 그러려면 삼키기

■ 잇몸염증 치료나 발치 후 항생제 처방에 대한 더 자세한 이야기는 제 블로그 글을 참조해 주세요.
https://m.blog.naver.com/hyesungk2008/222941044662

■■ 잇몸염증치료나 발치 후 항생제 처방 대신 구강 프로바이오틱스를 권하는 이유에 대한 더 자세한 이야기는 제 블로그 글을 참조해 주세요.
https://m.blog.naver.com/hyesungk2008/222996940346

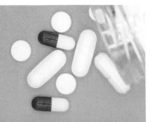

항생제,
ALL바르게

사과나무의료재단의 '치과 진료 시 항생제 처방 비율 감소'에 대한 연구

SCI급 논문저널 게재

사과나무의료재단은 무분별한 항생제 처방 규제를 위한
처방 가이드라인을 정하여 지속적으로 모니터링하고 있습니다.

잇몸염증치료나 발치후 항생제, 꼭 필요할까? 꼭 먹어야 할까?

 사과나무의료재단 강제성 이사장 블로그 바로가기! 우측 큐알코드를 스캔해 보세요!

사과나무의료재단
♂ 항생제 처방원칙 ♂

 01 하나! 본원은 항생제를 줄이기 위해 노력하고 있습니다.

 02 두월 전신으로 퍼질 위험이 적은 잇몸염증의 경우는
항생제를 처방하지 않습니다.

 03 세넷 꼭 필요한 경우 항생제를 처방하되,
가능한 적은 일수로 처방합니다.

 04 네넷 항생제 복용 후 설사등의 부작용을 최소화하기 위하여
유산균(프로바이오틱스)도 함께 복용할 것을 권장합니다.

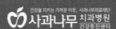

건강을 지키는 가까운 이웃, 사과나무의료재단
사과나무 치과병원
건강증진센터

전에 가능하면 구강에 오래 머금는 것이 좋습니다. 미지근한 물과 함께 가글가글 하며 구강에 오래 머물게 하면 좋다는 거죠. 아예 천천히 빨아먹는 타블렛 형태면 더 좋겠죠.

치주질환이나 구내염, 구취를 해결하기 위해 프로바이오틱스를 복용한다면, 그저 먹는 것만으로도 일정한 효과를 가집니다. 장누수증후군에서 보았듯이, 우리 몸의 장내세균이 안정화되면 장은 물론 간, 심혈관 모두 편안해지고, 구강 역시 편안해집니다. 장내세균 자체가 중요할 뿐만 아니라, 프로바이오틱스로 편안해진 장내 성분들이 혈관으로 흡수되어 구강에까지 이르기 때문입니다.

그런데 구강에 프로바이오틱스가 더 오래 머물게 하면 어떨까요? 장에서 그러는 것처럼 구강에서도 유해균을 억제하고 유익균을 증가시키겠죠. 장에서 만들어져 혈관을 거쳐 전달되는 효과가 구강에서 바로 나타나는 겁니다. 실제로 타블렛형 프로바이오틱스는 구강유해균인 진지발리스나 푸소박테리움, 무탄스 등의 수를 줄입니다.■ 결과적으로 잇몸병이나 충치를 예방하고 치료효율을 높이죠.

프로바이오틱스를 처방한 후, 다음 내원 때 어떠셨는지 환자들께 물어보면 대부분의 환자들이 '속이 편안했다'고 답합니다. 입안이 개운했다는 분들도 많지만, 속이 편안했다는 분들이 더 많습니다. 배변이 좋아져서 더 처방해 주기를 원하시는 분들도 많고요. 구강유해

■ 프로바이오틱스에 의한 충치균 무탄스, 바이오필름 억제 효과는 우리 연구소의 실험결과이기도 합니다. 자세한 내용은 제 블로그 글을 참조해 주세요.
https://m.blog.naver.com/hyesungk2008/222941044662

scan

균을 억제하고 잇몸염증이나 임플란트를 보호하기 위해 처방된 프로바이오틱스이지만, 실제 환자들이 체감하는 효과는 장건강과 원활한 배변활동인 경우가 더 많다는 거죠.

원리적으로 보면 너무나 당연합니다. 제가 처방하는 프로바이오틱스는 락토바실러스 계열의 유산균으로 만든 것이고, 기본 성분은 다른 모든 프로바이오틱스와 비슷합니다. 다만 같은 소나무종種, species라도 품종品種, strain마다 그 성질이 조금씩 다르듯이 같은 락토바실러스라도 조금씩 다른데, 제가 처방하는 것은 진지발리스 같은 구강유해균에 좀 더 특별한 항균효과를 보이는 녀석일 뿐이죠. 말하자면 장건강은 기본이고 거기에 구강건강까지 더 증진시킬 수 있다는 겁니다. 구강-장 프로바이오틱스Gum & Gut Probiotics라고나 할까요. 그리고 그러려면 구강에 오래 머무르게 하는 게 좋겠죠.

이것은 비단 구강 프로바이오틱스에만 해당되는 것이 아닙니다. 여성의 질건강을 위한 프로바이오틱스 역시 마찬가지죠. 앞서 살펴보았듯이, 구강과 여성의 질은 매우 다르면서도 닮았습니다. 기본적으론 외부로 열려 있지만 함몰되어 있는 구조 자체가 비슷하죠. 축축하기도 하고요. 그래서 늘 미생물에 의한 크고 작은 감염질환이 많은 곳이기도 합니다. 해서 여성건강을 향한 프로바이오틱스도 많이 상품화되어 있는데, 이것 역시 구강에 오래 머물게 하면 좋습니다. 그 효과가 구강-장을 거쳐 여성의 질에도 미칠 것이라고 기대할 수 있습니다. 또 구강 프로바이오틱스를 입속에 오래 머물게 하는 것이 구강에 더 좋은 것과 같은 원리로, 좌약처럼 직접 질에 투여하는 프로바이오틱스면 더 좋은 효과를 기대할 수 있을 거고요.

실은 모든 프로바이오틱스가 그렇습니다. 앞에서 살펴보았듯이,

우리 몸은 단순하게 보면 뻥 뚫린 관 모양이고 그 중앙에 구강에서 대장, 항문에 이르는 소화관이 있습니다. 거기가 우리 몸에서 미생물이 가장 많이 사는 곳이죠. 그래서 그곳의 건강, 다시 말해 장건강, 구강건강이 가장 중요합니다. 프로바이오틱스 유산균은 장건강과 구강건강을 함께 챙길 수 있는 것이고요. 그리고 이곳의 건강은 장과 연결되는 모든 기관들, 간, 뇌(정신), 피부 건강과 이어지고, 심지어 근육증진까지 챙길 수 있습니다. 제가 늘 건강의 기본인 '잘 먹고 잘 싸기', 건강의 시작인 '입속세균 관리'를 얘기하는 이유죠.

그러려면 모든 프로바이오틱스를 먹을 때 가능하면 구강에 오래 머물게 하는 게 좋습니다. 제가 구강유해균을 억제하기 위해 처방하는 프로바이오틱스가 장건강을 자연적으로 돕듯, 장건강과 원활한 배변활동을 위해 먹는 프로바이오틱스는 구강건강을 돕습니다.

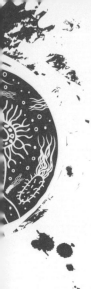

나와 마이크로바이옴의
창발성

  풍선이 날아갑니다. 왜 날아갈까요? 이 책을 감수해 주신 김규원 교수님이 오른쪽 그림을 보여 주신 적이 있습니다. 저는 '바람이 불어서'라고 답했습니다. 대개의 동양인들이 저처럼 답한답니다. 하지만 서양인들은 다르다고 하네요. '풍선에서 바람이 빠지면서'라는 식으로 생각한다고 해요. 의외죠? EBS 방송 프로그램에서 소개한 것인데, 내용인즉슨 동양인들은 관계(환경 즉 바람과 풍선의 관계)에 더 주목하는 반면, 서양인들은 사물 그 자체(풍선)에 주목한다는 겁니다.

  아! 탄성이 절로 나왔습니다. 실은 관계를 보지 못하고 사물 자체에만 주목하는 서양식 사고방식이 21세기 모든 사고에 투영되어 있구나 싶었거든요. 이 책의 주제인 안티바이오틱스와 프로바이오틱스에까지요.

  이런 말이 있습니다.

대장균에 사실인 것은 코끼리에도 사실이다.

What is true for E. coli must also be true for elephant.

1965년 노벨 생리의학상을 수상한 프랑스 과학자 자크 모노Jacques Lucien Monod, 1910~1976가 한 말입니다. 세포 하나짜리 세균인 대장균이나 거대 다세포 동물인 코끼리나 어차피 생명의 본질인 DNA의 화학적 구조는 같다는 거죠. 그러니 대장균 같은 모델생물의 원리를 알면, 거기 적용 가능한 것은 코끼리에도 우리 인간의 몸에도 적용 가능하다는 겁니다. 1950~60년대 생명의 본질이라 규정된 유전자DNA의 구조를 밝혀가는 당시 과학자들의 환호성이 들리는 듯합니다.

하지만 이건 틀렸습니다. 여기엔 생명의 또다른 특징인 관계, 상호의존성이 삭제되어 있으니까요. 이 관계가 유전자 자체만큼 혹은 그

보다 더 중요한데도 말이죠.

저를 이루는 30조 개의 세포들은 모두 어머니의 난자와 아버지의 정자가 결합된 수정란에서 시작됩니다. 대장균과 같은 세포 하나에서 시작해 같은 유전자로 계속 자기 복제를 하면서 제 몸을 이루는 거죠. 그런데 구강 위치의 세포는 치아와 잇몸을 만듭니다. 배 쪽 세포는 장세포를 만들고요. 심장과 혈관 쪽은 피가 잘 돌도록 혈관 내피세포와 심장 근육세포를 만듭니다. 같은 세포에서 출발했고 같은 유전자를 가졌는데도 가기 전혀 다른 세포들이 되죠. 어떤 외부의 개입도 없이요.

이 신비한 생명현상을 과학자들은 창발성創發性, emergence, emergent property이라는 말로 포착합니다. 세포 하나짜리에서 조직(치아, 심근, 장관), 기관을 거쳐 우리 몸이 되는 단계단계마다 그 전 단계에서는 볼 수 없었던, 차원이 다른 특질들이 출현emergent한다는 겁니다. 그리고 그 창발성의 핵심은 관계와 상호의존성에 있습니다.

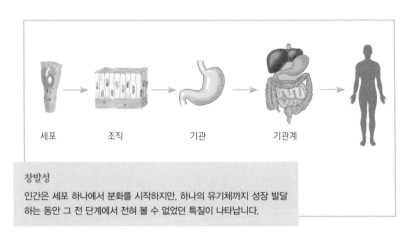

세포   조직   기관   기관계

창발성
인간은 세포 하나에서 분화를 시작하지만, 하나의 유기체까지 성장 발달하는 동안 그 전 단계에서 전혀 볼 수 없었던 특질이 나타납니다.

세포들은 분화하는 동안 아직도 과학이 규명하지 못한 어떤 신호를 주고받습니다. 그 신호에 의해 같은 유전자의 특정 부분이 켜지고 꺼집니다. 그러면 구강 쪽으로 밀려 올라간 세포는 그 신호를 통해 이빨을 만들어야 하는 걸 캐치합니다. 안쪽으로 밀려들어간 세포들은 소장, 대장, 심장, 혈관을 만들 테고요. 그렇게 우리 몸이 구성되고, 알아서 숨이 쉬어지고 소화가 되면서 생명이 유지됩니다. 유전학genetics에서는 이런 면을 후성유전학epigenetics이라고 표현하기도 하고요.

실은 이런 창발성은 자연계의 보편적인 현상입니다. 예를 들어볼까요? 물H_2O은 산소 하나와 수소 두 개가 결합된 거죠. 이런 물의 특징을 산소의 특징과 수소의 특징으로 설명할 수 있을까요? 전혀 다르니 설명되지 않습니다. 물의 특징은 바로 산소와 수소 사이의 관계에 있다는 거죠.

마이크로바이옴(우리 몸에 상주하는 미생물) 안에서도 창발성이 나타납니다. 앞에서 서술했듯, 바이오필름 안의 세균들은 구조적으로나 기능적으로 상호의존합니다. 그러면 개별 세균planktonic 상태와는 또다른 특질, 한 단계 높은 특질이 나타납니다. 창발성인 거죠. 창발성을 통해 바이오필름 속 세균들은 환경에 대한 적응력을 대폭 높입니다.[1]

창발성은 우리 몸과 마이크로바이옴 사이에서도 나타납니다. 우리 몸의 상주미생물, 마이크로바이옴이 없으면 면역 발달이 느립니다. 같은 것을 먹어도 마이크로바이옴에 따라 살이 찌거나 마르기도 합니다. 나의 정체성을 지키는 면역과 에너지대사에 나와 마이크로바이옴이 상호의존한다는 겁니다. 이 책에서 살폈듯, 우리 생명 자체가 마이크로바이옴과의 관계에서 결정될 수도 있습니다. 창발성이죠. 나라는 존재는 개별 호모사피에스와는 전혀 다른 특질, 상호의존성의 가진 통생명체holobiont입니다.[2]

그럼에도 현재의 의과학은 여전히 그런 창발성, 상호의존과 관계를 무시하는 측면이 강합니다. 모든 세포, 세균, 감염, 질병 등을 그 자체로만 독립적으로 보고 해결책을 찾고 약을 처방한다는 거죠. 하지만 그 관계와 창발성을 무시하면 그로 인해 감당해야 할 부작용으로부터 자유로울 수 없습니다. 대표적으로 장내세균을 파괴하는 항생제의 과다 사용이죠. 헬리코박터를 위암의 주범으로 지목해 항생제로 제균을 하자 그 결과로 당뇨나 식도암이 증가합니다. 인류와 함께 오랫동안 공존 공진화해 오며 아직도 전 세계인 50%의 위장에 서식하고 있는 헬리코박터와의 관계를 파괴한 결과겠죠.[3]

내 몸에 유익한 미생물로 내 몸을 돌본다는 발상을 담은 프로바이오틱스란 키워드는 이런 반추의 생활화일 겁니다. 나와 불가분의 관계에 있는 내 몸 상주미생물, 마이크로바이옴과 좋은 관계를 맺어 보자는 발상의 전환이니까요. 그런 면에서 풍선 자체보다 공기와 풍선의 관계성에 주목하는 동양적 발상법이 앞으로의 과학발전에 더 유리할 수 있지 않을까 싶기도 합니다.

이 책으로 그런 발상법으로 가는 한 걸음 힌트를 얻을 수 있음 좋겠습니다.

참고문헌

● 서문. 감염병에 대처하는 시대적 인식변화

1. Harutyunyan, N., A. Kushugulova, N. Hovhannisyan and A. Pepoyan (2022). "One Health Probiotics as Biocontrol Agents: One Health Tomato Probiotics." *Plants(Basel)* 11(10): 1334.

2. Das, G., J. B. Heredia, M. de Lourdes Pereira, E. Coy-Barrera, S. M. Rodrigues Oliveira, E. P. Gutiérrez-Grijalva, L. A. Cabanillas-Bojórquez, H. S. Shin and J. K. Patra (2021). "Korean traditional foods as antiviral and respiratory disease prevention and treatments: A detailed review." *Trends in Food Science & Technology* 116: 415-433.

3. 고미숙 (2014). 위생의 시대, 병리학과 근대적 신체의 탄생, 북드라망.

4. Lee, K. (2021). "The Cholera Epidemic of 1907 and the Formation of Colonial Epidemic Control Systems in Korea." *Korean J of Med History* 30(3): 547-578.

5. van den Bosch, C. M., S. E. Geerlings, S. Natsch, J. M. Prins and M. E. Hulscher (2015). "Quality indicators to measure appropriate antibiotic use in hospitalized adults." *Clinical Infectious Diseases* 60(2): 281-291.

6. Zamojska, D., A. Nowak, I. Nowak and E. J. A. Macierzyńska-Piotrowska (2021). "Probiotics and postbiotics as substitutes of antibiotics in farm animals: A Review." *Animals* 11(12): 3431.

7. Patangia, D. V., C. Anthony Ryan, E. Dempsey, R. Paul Ross and C. Stanton (2022). "Impact of antibiotics on the human microbiome and consequences for host health." *Microbiologyopen* 11(1): e1260.

8. Segata, N. (2015). "Gut Microbiome: Westernization and the Disappearance of Intestinal Diversity." *Current Biology* 25(14): R611-R613.

9. 김혜성 (2019). 미생물과 공존하는 나는 통생명체다, 파라사이언스.

10. Lee, C. H., Y. Choi, S. Y. Seo, S.-H. Kim, I. H. Kim, S. W. Kim, S. T. Lee and S. O. Lee (2021). "Addition of probiotics to antibiotics improves the clinical course of pneumonia in young people without comorbidities: a

randomized controlled trial." *Scientific Reports* 11(1): 926.

11. Conly, J. M. and L. B. Johnston (2004). "Coming full circle: From antibiotics to probiotics and prebiotics." *Canadian Journal of Infectious Diseases and Medical Microbiology* 15(3): 161–163.

1장. 안티바이오틱스 vs 프로바이오틱스

● 우리 시대 항생제 사용의 문제점들

1. Cho, H. J., J. Chae, S.-H. Yoon and D.-S. J. F. i. P. Kim (2022). "Aging and the Prevalence of Polypharmacy and Hyper–Polypharmacy Among Older Adults in South Korea: A National Retrospective Study During, Frontiers in Pharmacology 2010–2019." *Frontiers in Pharmacology* 13.

2. Lee, J., Y. Noh, S. Shin, H. S. Lim, R. W. Park, S. K. Bae, E. Oh, G. J. Kim, J. H. Kim and S. Lee (2016). "Impact of statins on risk of new onset diabetes mellitus: a population–based cohort study using the Korean National Health Insurance claims database." *Therapeutics and clinical risk management* 12: 1533–1543.

3. 모알렘, 샤 (2011). 질병의 종말, 청림 life.

4. McNeil, J. J., M. R. Nelson, R. L. Woods, J. E. Lockery, R. Wolfe, C. M. Reid, B. Kirpach, R. C. Shah, D. G. Ives and E. J. N. E. J. o. M. Storey (2018). "Effect of aspirin on all–cause mortality in the healthy elderly." *New England Journal of Medicine* 379(16): 1519–1528.

5. 시나트라, 스. (2017). 콜레스테롤 수치에 속지 마라, 예문아카이브.

6. Le Fanu, J. (2018). "Mass medicalisation is an iatrogenic catastrophe." *BMJ* (Clinical researched.) 361: k2794

7. Kaczmarek, E. (2022). "Promoting diseases to promote drugs: The role of the pharmaceutical industry in fostering good and bad medicalization." *British journal of clinical pharmacology* 88(1): 34–39.

8. Soucy, S. M., J. Huang and J. P. Gogarten (2015). "Horizontal gene transfer: building the web of life." *Nature Reviews Genetics* 16(8): 472–482.

9. https://www.yna.co.kr/view/AKR20220120130500009

10. 1945년 6월 26일자, 뉴욕타임즈, 인터뷰

11. Chambers, H. F. (2001). "The changing epidemiology of Staphylococcus aureus?" *Emerging infectious diseases* 7(2): 178.

12. 대한감염학회 (2016). 항생제의 길잡이(Textbook of Guideposts to Antimicrobials) 제4판, 지성출판사.

13. Sollecito, T. P., E. Abt, P. B. Lockhart, E. Truelove, T. M. Paumier, S. L. Tracy, M. Tampi, E. D. Beltrán-Aguilar and J. Frantsve-Hawley (2015). "The use of prophylactic antibiotics prior to dental procedures in patients with prosthetic joints: evidence-based clinical practice guideline for dental practitioners—a report of the American Dental Association Council on Scientific Affairs." *The Journal of the American Dental Association* 146(1): 11-16. e18.

14. 김혜성 (2019). 미생물과 공존하는 나는 통생명체다, 파라사이언스.

15. 대한감염학회 (2016). 항생제의 길잡이 제4판, 지성출판사.

16. Lisboa, T., R. Seligman, E. Diaz, A. Rodriguez, P. J. Teixeira and J. J. C. c. m. Rello (2008). "C-reactive protein correlates with bacterial load and appropriate antibiotic therapy in suspected ventilator-associated pneumonia." *Critical care medicine* 36(1): 166-171.

17. Sender, R., S. Fuchs and R. Milo (2016). "Revised Estimates for the Number of Human and Bacteria Cells in the Body." *PLoS Biology* 14(8): e1002533-e1002533.

18. Ramirez, J., F. Guarner, L. Bustos Fernandez, A. Maruy, V. L. Sdepanian, H. J. F. i. c. Cohen and i. microbiology (2020). "Antibiotics as major disruptors of gut microbiota." *Frontiers in cellular and infection microbiology* 10: 572912.

19. Berg, G., D. Rybakova, D. Fischer, T. Cernava, M.-C. C. Vergès, T. Charles, X. Chen, L. Cocolin, K. Eversole, G. H. Corral, M. Kazou, L. Kinkel, L. Lange, N. Lima, A. Loy, J. A. Macklin, E. Maguin, T. Mauchline, R. McClure, B. Mitter, M. Ryan, I. Sarand, H. Smidt, B. Schelkle, H. Roume, G. S. Kiran, J. Selvin, R. S. C. d. Souza, L. van Overbeek, B. K. Singh, M. Wagner, A. Walsh, A. Sessitsch and M. Schloter (2020). "Microbiome definition re-visited: old concepts and new challenges." *Microbiome* 8(1): 103.

20. Israelsen, S. B., M. Fally, B. Tarp, L. Kolte, P. Ravn and T. Benfield (2023). "Short-course antibiotic therapy for hospitalized patients with early clinical response in community-acquired pneumonia: a multicentre cohort study."

Clinical Microbiology and Infection 29(1): 54–60.

21. 대한감염학회 (2016). 항생제의 길잡이 (Textbook of Guideposts to Antimicrobials) 제4판. 64쪽.

● 내 몸 미생물에 대한 발상의 전환

1. Sender, R., S. Fuchs and R. Milo (2016). "Revised Estimates for the Number of Human and Bacteria Cells in the Body." *PLoS Biology* 14(8): e1002533–e1002533.

2. Tonelli, A., E. N. Lumngwena and N. A. J. N. R. C. Ntusi (2023). "The oral microbiome in the pathophysiology of cardiovascular disease." *Nature reviews. Cardiology* 10.1038/s41569–022–00825–3.

3. Welch, J. L. M., B. J. Rossetti, C. W. Rieken, F. E. Dewhirst and G. G. Borisy (2016). "Biogeography of a human oral microbiome at the micron scale." *Proceedings of the National Academy of Sciences of the United States of America* 113(6): E791–E800.

4. Flemming, H. C., J. Wingender, U. Szewzyk, P. Steinberg, S. A. Rice and S. Kjelleberg (2016). "Biofilms: an emergent form of bacterial life." *Nature reviews. Microbiology* 14(9): 563–575.

5. Darveau, R., G. Hajishengallis and M. Curtis (2012). "Porphyromonas gingivalis as a potential community activist for disease." *Journal of Dental Research*: 91(9), 816–820.

6. Kin, L. X., C. A. Butler, N. Slakeski, B. Hoffmann, S. G. Dashper and E. C. Reynolds (2020). "Metabolic cooperativity between Porphyromonas gingivalis and Treponema denticola." *Journal of Oral Microbiology* 12(1): 1808750.

7. Watnick, P. and R. Kolter (2000). "Biofilm, city of microbes." *Journal of Bacteriology* 182(10): 2675–2679.

8. Roberts, A. P. and P. Mullany (2010). "Oral biofilms: a reservoir of transferable, bacterial, antimicrobial resistance." *Expert review of anti-infective therapy* 8(12): 1441–1450.

9. https://www.homd.org/

10. Sedghi, L., V. DiMassa, A. Harrington, S. V. Lynch and Y. L. J. P. Kapila (2021). "The oral microbiome: Role of key organisms and complex networks in oral health and disease." *Periodontology* 2000 87(1): 107–131.

11. Socransky, S., A. Haffajee, M. Cugini, C. Smith and R. Kent (1998). "Microbial complexes in subgingival plaque." *Journal of clinical periodontology* 25(2): 134−144.

12. Nyvad, B. and N. Takahashi (2020). "Integrated hypothesis of dental caries and periodontal diseases." *Journal of Oral Microbiology* 12(1): 1710953.

13. Belibasakis, G. N., D. Belstrøm, S. Eick, U. K. Gursoy, A. Johansson and E. Könönen (2023). "Periodontal microbiology and microbial etiology of periodontal diseases: Historical concepts and contemporary perspectives." *Periodontology* 2000 10.1111/prd.12473.

14. Wu, B. G. and L. N. Segal (2018). "The Lung Microbiome and Its Role in Pneumonia." *Clinics in Chest Medicine* 39(4): 677−689.

15. Birant, S., Y. Duran, T. Akkoc and F. Seymen (2022). "Cytotoxic effects of different detergent containing children's toothpastes on human gingival epithelial cells." *BMC Oral Health* 22(1): 66.

16. Brookes, Z. L. S., Belfield, L. A., Ashworth, A., Casas−Agustench, P., Raja, M., Pollard, A. J., & Bescos, R. (2021). "Effects of chlorhexidine mouthwash on the oral microbiome." *Journal of Dentistry* 113, 103768.

17. Trindade, D., R. Carvalho, V. Machado, L. Chambrone, J. J. Mendes and J. Botelho "Prevalence of periodontitis in dentate people between 2011 and 2020: A systematic review and meta−analysis of epidemiological studies." *Journal of clinical periodontology* 50(5), 604 - 626.

18. Minić, I., A. Pejčić and M. Bradić−Vasić (2022). "Effect of the local probiotics in the therapy of periodontitis A randomized prospective study." *International journal of dental hygiene* 20(2): 401−407.

19. Vera−Santander, V. E., R. H. Hernández−Figueroa, M. T. Jiménez−Munguía, E. Mani−López and A. J. M. López−Malo (2023). "Health Benefits of Consuming Foods with Bacterial Probiotics, Postbiotics, and Their Metabolites: A Review." *Molecules* (Basel, Switzerland) 28(3): 1230.

20. Park, S.−Y., B.−O. Hwang, M. Lim, S.−H. Ok, S.−K. Lee, K.−S. Chun, K.−K. Park, Y. Hu, W.−Y. Chung and N.−Y. Song (2021). "Oral−Gut Microbiome Axis in Gastrointestinal Disease and Cancer." *Cancers* 13(9): 2124.

21. Park, D.−Y., J. Y. Park, D. Lee, I. Hwang and H.−S. J. C. Kim (2022). "Leaky Gum: The Revisited Origin of Systemic Diseases." *Cells* 11(7): 1079.

22. Clay, S. L., D. Fonseca-Pereira and W. S. Garrett (2022). "Colorectal cancer: the facts in the case of the microbiota." *The Journal of Clinical Investigation* 132(4).

23. Gaeckle, N. T., A. A. Pragman, K. M. Pendleton, A. K. Baldomero and G. J. Criner (2020). "The Oral-Lung Axis: The Impact of Oral Health on Lung Health." *Respiratory care* 65(8): 1211-1220.

24. Dhotre, S., V. Jahagirdar, N. Suryawanshi, M. Davane, R. Patil and B. Nagoba (2018). "Assessment of periodontitis and its role in viridans streptococcal bacteremia and infective endocarditis." *Indian Heart Journal* 70(2): 225-232.

25. Lockhart, P. B., M. T. Brennan, H. C. Sasser, P. C. Fox, B. J. Paster and F. K. Bahrani-Mougeot (2008). "Bacteremia associated with toothbrushing and dental extraction." *Circulation* 117(24): 3118-3125.

26. Bowland, G. B. and L. S. Weyrich (2022). "The Oral-Microbiome-Brain Axis and Neuropsychiatric Disorders: An Anthropological Perspective." *Frontiers in psychiatry* 13: 810008.

● 프로바이오틱스, 오래된 미래

1. Vera-Santander, V. E., R. H. Hernández-Figueroa, M. T. Jiménez-Munguía, E. Mani-López and A. J. M. López-Malo (2023). "Health Benefits of Consuming Foods with Bacterial Probiotics, Postbiotics, and Their Metabolites: A Review." *Molecules* (Basel, Switzerland) 28(3): 1230.

2. https://en.wikipedia.org/wiki/Bifidobacterium

3. Amato, K. R., E. K. Mallott, P. D. A. Maia and M. L. S. Sardaro (2021). "Predigestion as an Evolutionary Impetus for Human Use of Fermented Food." *The University of Chicago Press Journals* 62(S24): S207-S219.

4. 프레테리크, 마. (2018). 우리 문명을 살찌운 거의 모든 발효의 역사, 한유선역. 생각정거장.

5. Kim, J., E. Choi, Y. Hong, Y. Song, J. Han, S. Lee, E. Han, T. Kim, I. Choi and K. J. J. N. F. S. Cho (2016). "Changes in Korean adult females' intestinal microbiota resulting from kimchi intake." *Jornal of Nutrition & Food Sciences* 6: 486.

6. Dudley, R. (2004). "Ethanol, fruit ripening, and the historical origins of

human alcoholism in primate frugivory." *Integrative and comparative biology* 44(4): 315–323.

7. https://m.segye.com/view/20191216512565

8. Byles, J., A. Young, H. Furuya and L. Parkinson (2006). "A Drink to Healthy Aging: The Association Between Older Women's Use of Alcohol and Their Health–Related Quality of Life." *Journal of the American Geriatrics Society* 54(9): 1341–1347.

9. Lee, S. H., J. Y. Jung and C. O. Jeon (2015). "Source Tracking and Succession of Kimchi Lactic Acid Bacteria during Fermentation." *Journal of Food Science* 80(8): M1871–M1877.

10. 한형선 (2016). 요리하는 약사 한형선의 푸드+닥터. 헬스레터.

11. Thorakkattu, P., A. C. Khanashyam, K. Shah, K. S. Babu, A. S. Mundanat, A. Deliephan, G. S. Deokar, C. Santivarangkna and N. P. J. F. Nirmal (2022). "Postbiotics: Current trends in food and pharmaceutical industry." *Foods* (Basel, Switzerland) 11(19): 3094.

12. Kulkarni, H. S. and C. C. Khoury (2014). "Sepsis associated with Lactobacillus bacteremia in a patient with ischemic colitis." *Indian journal of critical care medicine* 18(9): 606–608.

13. Zimmer, J., B. Lange, J.–S. Frick, H. Sauer, K. Zimmermann, A. Schwiertz, K. Rusch, S. Klosterhalfen and P. J. E. j. o. c. n. Enck (2012). "A vegan or vegetarian diet substantially alters the human colonic faecal microbiota." *European journal of clinical nutrition* 66(1): 53–60.

14. Henrick, B. M., A. A. Hutton, M. C. Palumbo, G. Casaburi, R. D. Mitchell, M. A. Underwood, J. T. Smilowitz and S. A. Frese (2018). "Elevated Fecal pH Indicates a Profound Change in the Breastfed Infant Gut Microbiome Due to Reduction of Bifidobacterium over the Past Century." *mSphere* 3(2): e00041–00018.

15. Osuka, A., K. Shimizu, H. Ogura, O. Tasaki, T. Hamasaki, T. Asahara, K. Nomoto, M. Morotomi, Y. Kuwagata and T. Shimazu (2012). "Prognostic impact of fecal pH in critically ill patients." *Critical care*(London, England) 16(4): R119–R119.

16. https://en.wikipedia.org/wiki/%C3%89lie_Metchnikoff

17. Mackowiak, P. A. (2013). "Recycling metchnikoff: probiotics, the intestinal

microbiome and the quest for long life." *Frontiers in public health* 1: 52.

18. https://www.yakult.co.jp/english/inbound/history/

19. Berg, G., D. Rybakova, D. Fischer, T. Cernava, M.-C. C. Vergès, T. Charles, X. Chen, L. Cocolin, K. Eversole, G. H. Corral, M. Kazou, L. Kinkel, L. Lange, N. Lima, A. Loy, J. A. Macklin, E. Maguin, T. Mauchline, R. McClure, B. Mitter, M. Ryan, I. Sarand, H. Smidt, B. Schelkle, H. Roume, G. S. Kiran, J. Selvin, R. S. C. d. Souza, L. van Overbeek, B. K. Singh, M. Wagner, A. Walsh, A. Sessitsch and M. Schloter (2020). "Microbiome definition re-visited: old concepts and new challenges." *Microbiome* 8(1): 103.

20. Turnbaugh, P. J., R. E. Ley, M. A. Mahowald, V. Magrini, E. R. Mardis and J. I. Gordon (2006). "An obesity-associated gut microbiome with increased capacity for energy harvest." *Nature* 444(7122): 1027-1131.

21. 김혜성 (2016). 미생물과의 공존, 파라사이언스.

22. https://hmpdacc.org/

23. Consortium, H. M. P. (2012). "Structure, function and diversity of the healthy human microbiome." *Nature* 486(7402): 207-214.

24. Amrane, S. and J.-C. Lagier (2020). "Fecal microbiota transplantation for antibiotic resistant bacteria decolonization." *Human Microbiome Journal* 16: 100071.

25. Feuerstadt, P., T. J. Louie, B. Lashner, E. E. Wang, L. Diao, J. A. Bryant, M. Sims, C. S. Kraft, S. H. Cohen and C. S. J. N. E. J. o. M. Berenson (2022). "SER-109, an oral microbiome therapy for recurrent Clostridioides difficile infection." *The New England journal of medicine* 386(3): 220-229.

26. 김혜성 (2019). 미생물과 공존하는 나는 통생명체다, 파라사이언스.

27. Berg, G., D. Rybakova, D. Fischer, T. Cernava, M.-C. C. Vergès, T. Charles, X. Chen, L. Cocolin, K. Eversole, G. H. Corral, M. Kazou, L. Kinkel, L. Lange, N. Lima, A. Loy, J. A. Macklin, E. Maguin, T. Mauchline, R. McClure, B. Mitter, M. Ryan, I. Sarand, H. Smidt, B. Schelkle, H. Roume, G. S. Kiran, J. Selvin, R. S. C. d. Souza, L. van Overbeek, B. K. Singh, M. Wagner, A. Walsh, A. Sessitsch and M. Schloter (2020). "Microbiome definition re-visited: old concepts and new challenges." *Microbiome* 8(1): 103.

2장. 안티바이오틱스에서 프로바이오틱스로

● 면역을 낮추는 안티바이오틱스, 면역을 높이는 프로바이오틱스

1. Deckers, J., H. Hammad and E. J. F. i. i. Hoste (2018). "Langerhans cells: sensing the environment in health and disease." *Frontiers in immunology* 9: 93.

2. Gulati, K., S. Guhathakurta, J. Joshi, N. Rai and A. J. M. I. Ray (2016). "Cytokines and their role in health and disease: a brief overview." MOJ *Immunololgy* 4(2): 00121.

3. Monjori, M. (2010). "Mucosal Immunology and Vaccination." *Journal of Pediatric Sciences* 5: e46.

4. Bain, C. C., V. J. C. Cerovic and E. Immunology (2020). *Interactions of the microbiota with the mucosal immune system*, Oxford University Press. 199: 9–11.

5. Leoty−Okombi, S., P. Moussou, V. André−Frei and S. J. J. o. I. D. Pain (2019). "209 Study of skin microbiota impaired by skin hygiene habits." *Journal of Investigative Dermatology* 139(9): S250.

6. Tcholakova, S., N. Denkov and A. J. P. C. C. P. Lips (2008). "Comparison of solid particles, globular proteins and surfactants as emulsifiers." *Physical chemistry chemical physics* 10(12): 1608−1627.

7. Chassaing, B., C. Compher, B. Bonhomme, Q. Liu, Y. Tian, W. Walters, L. Nessel, C. Delaroque, F. Hao, V. Gershuni, L. Chau, J. Ni, M. Bewtra, L. Albenberg, A. Bretin, L. McKeever, R. E. Ley, A. D. Patterson, G. D. Wu, A. T. Gewirtz and J. D. Lewis (2022). "Randomized Controlled−Feeding Study of Dietary Emulsifier Carboxymethylcellulose Reveals Detrimental Impacts on the Gut Microbiota and Metabolome." *Gastroenterology* 162(3): 743−756.

8. https://www.nhs.uk/conditions/mrsa/

9. Vich Vila, A., V. Collij, S. Sanna, T. Sinha, F. Imhann, A. R. Bourgonje, Z. Mujagic, D. M. A. E. Jonkers, A. A. M. Masclee, J. Fu, A. Kurilshikov, C. Wijmenga, A. Zhernakova and R. K. Weersma (2020). "Impact of commonly used drugs on the composition and metabolic function of the gut microbiota." *Nature Communications* 11(1): 362.

10. Imhann, F., M. J. Bonder, A. Vich Vila, J. Fu, Z. Mujagic, L. Vork, E. F. Tigchelaar, S. A. Jankipersadsing, M. C. Cenit, H. J. M. Harmsen, G. Dijkstra, L. Franke, R. J. Xavier, D. Jonkers, C. Wijmenga, R. K.

Weersma and A. Zhernakova (2016). "Proton pump inhibitors affect the gut microbiome." *Gut* 65(5): 740.

● 축산과 수산양식에서 항생제는 살찌우는 약

1. Cox, L. M. and M. J. J. N. R. E. Blaser (2015). "Antibiotics in early life and obesity." *Nature reviews.* Endocrinology 11(3): 182−190.

2. Bhogoju, S. and S. J. A. Nahashon (2022). "Recent advances in probiotic application in animal health and nutrition: a review." *Agriculture* 12(2): 304.

3. El−Saadony, M. T., M. Alagawany, A. K. Patra, I. Kar, R. Tiwari, M. A. O. Dawood, K. Dhama and H. M. R. Abdel−Latif (2021). "The functionality of probiotics in aquaculture: An overview." *Fish & Shellfish Immunology* 117: 36−52.

4. Montanari, M. P., C. Pruzzo, L. Pane and R. R. Colwell (1999). "Vibrios associated with plankton in a coastal zone of the Adriatic Sea (Italy)." *FEMS Microbiology Ecology* 29(3): 241−247.

5. Ingerslev, H.−C., L. von Gersdorff Jørgensen, M. L. Strube, N. Larsen, I. Dalsgaard, M. Boye and L. J. A. Madsen (2014). "The development of the gut microbiota in rainbow trout (Oncorhynchus mykiss) is affected by first feeding and diet type." *Aquaculture* 424: 24−34.

● 암 치료와 예방을 돕는 프로바이오틱스

1. Urbaniak, C., J. Cummins, M. Brackstone, J. M. Macklaim, G. B. Gloor, C. K. Baban, L. Scott, D. M. O'Hanlon, J. P. Burton, K. P. Francis, M. Tangney and G. Reid (2014). "Microbiota of Human Breast Tissue." *Applied and Environmental Microbiology* 80(10): 3007−3014.

2. Hieken, T. J., J. Chen, T. L. Hoskin, M. Walther−Antonio, S. Johnson, S. Ramaker, J. Xiao, D. C. Radisky, K. L. Knutson and K. R. Kalari (2016). "The microbiome of aseptically collected human breast tissue in benign and malignant disease." *Scientific reports* 6: 30751.

3. Shively, C. A., T. C. Register, S. E. Appt, T. B. Clarkson, B. Uberseder, K. Y. Clear, A. S. Wilson, A. Chiba, J. A. Tooze and K. L. Cook (2018). "Consumption of Mediterranean versus Western Diet Leads to Distinct Mammary Gland Microbiome Populations." *Cell reports* 25(1): 47−56. e43.

4. Pakbin, B., S. P. Dibazar, S. Allahyari, M. Javadi, Z. Amani, A. Farasat and S. Darzi (2022). "Anticancer Properties of Probiotic Saccharomyces boulardii Supernatant on Human Breast Cancer Cells." *Probiotics and Antimicrobial Proteins* 14(6): 1130−1138.

5. Akbaba, M., G. G. Gökmen, D. Kışla and A. Nalbantsoy (2022). "In Vivo Investigation of Supportive Immunotherapeutic Combination of Bifidobacterium infantis 35624 and Doxorubicin in Murine Breast Cancer." *Probiotics and Antimicrobial Proteins* 10.1007/s12602−021−09899.

6. Toi, M., S. Hirota, A. Tomotaki, N. Sato, Y. Hozumi, K. Anan, T. Nagashima, Y. Tokuda, N. Masuda, S. J. C. N. Ohsumi and F. Science (2013). "Probiotic beverage with soy isoflavone consumption for breast cancer prevention: a case−control study." *Current nutrition and food science* 9(3): 194−200.

7. Juan, Z., J. Chen, B. Ding, L. Yongping, K. Liu, L. Wang, Y. Le, Q. Liao, J. Shi, J. Huang, Y. Wu, D. Ma, W. Ouyang and J. Tong (2022). "Probiotic supplement attenuates chemotherapy−related cognitive impairment in patients with breast cancer: a randomised, double−blind, and placebo−controlled trial." *European Journal of Cancer* 161: 10−22.

8. 대한미생물학회 (2009). 의학미생물학, 엘스비어코리아.

9. Khan, F. H., B. A. Bhat, B. A. Sheikh, L. Tariq, R. Padmanabhan, J. P. Verma, A. C. Shukla, A. Dowlati and A. Abbas (2022). "Microbiome dysbiosis and epigenetic modulations inlungcancer: from pathogenesis to therapy." *Seminars in cancer biology*, Elsevier.

10. Liu, N.−N., Q. Ma, Y. Ge, C.−X. Yi, L.−Q. Wei, J.−C. Tan, Q. Chu, J.−Q. Li, P. Zhang and H. Wang (2020). "Microbiome dysbiosis in lung cancer: from composition to therapy." *npj Precision Oncology* 4(1): 33.

11. Synodinou, K. D., M. D. Nikolaki, K. Triantafyllou and A. N. Kasti (2022). "Immunomodulatory Effects of Probiotics on COVID−19 Infection by Targeting the Gut & ndash; Lung Axis Microbial Cross−Talk." *Microorganisms* 10(9): 1764.

12. Gomes−Filho, I. S., S. S. da Cruz, S. C. Trindade, J. S. Passos−Soares, P. C. Carvalho−Filho, A. Figueiredo, A. O. Lyrio, A. M. Hintz, M. G. Pereira and F. A. Scannapieco (2022). "Important evidence of the oral−lung axis, especially

during the coronavirus pandemic." *Oral Diseases* 28 Suppl 2: 2636–2638.

13. Yan, X., M. Yang, J. Liu, R. Gao, J. Hu, J. Li, L. Zhang, Y. Shi, H. Guo, J. Cheng, M. Razi, S. Pang, X. Yu and S. Hu (2015). "Discovery and validation of potential bacterial biomarkers for lung cancer." *American journal of cancer research* 5(10): 3111–3122.

14. Tian, Y., M. Li, W. Song, R. Jiang and Y. Q. J. O. l. Li (2019). "Effects of probiotics on chemotherapy in patients with lung cancer." *Oncology Letters* 17(3): 2836–2848.

15. Takada, K., M. Shimokawa, S. Takamori, S. Shimamatsu, F. Hirai, T. Tagawa, T. Okamoto, M. Hamatake, Y. Tsuchiya–Kawano, K. Otsubo, K. Inoue, Y. Yoneshima, K. Tanaka, I. Okamoto, Y. Nakanishi and M. Mori (2021). "Clinical impact of probiotics on the efficacy of anti–PD–1 monotherapy in patients with nonsmall cell lung cancer: A multicenter retrospective survival analysis study with inverse probability of treatment weighting." *International journal of cancer* 149(2): 473–482.

16. Javier–DesLoges, J., R. R. McKay, A. D. Swafford, G. D. Sepich–Poore, R. Knight and J. K. Parsons (2022). "The microbiome and prostate cancer." *Prostate cancer and prostatic diseases* 25(2): 159–164.

17. Perez–Carrasco, V., A. Soriano–Lerma, M. Soriano, J. Gutiérrez–Fernández, J. A. J. F. i. C. Garcia–Salcedo and I. Microbiology (2021). "Urinary microbiome: yin and yang of the urinary tract." *Frontiers in cellular and infection microbiology* 11: 617002.

18. Pearce, M. M., E. E. Hilt, A. B. Rosenfeld, M. J. Zilliox, K. Thomas–White, C. Fok, S. Kliethermes, P. C. Schreckenberger, L. Brubaker, X. Gai and A. J. Wolfe (2014). "The female urinary microbiome: a comparison of women with and without urgency urinary incontinence." *mBio* 5(4): e01283–01214.

19. Cavarretta, I., R. Ferrarese, W. Cazzaniga, D. Saita, R. Lucianò, E. R. Ceresola, I. Locatelli, L. Visconti, G. Lavorgna, A. Briganti, M. Nebuloni, C. Doglioni, M. Clementi, F. Montorsi, F. Canducci and A. Salonia (2017). "The Microbiome of the Prostate Tumor Microenvironment." *European Urology* 72(4): 625–631.

20. Porter, C. M., E. Shrestha, L. B. Peiffer and K. S. Sfanos (2018). "The

microbiome in prostate inflammation and prostate cancer." *Prostate Cancer and Prostatic Diseases* 21(3): 345−354.

21. Fang, C., L. Wu, C. Zhu, W. Z. Xie, H. Hu and X. T. J. M. R. R. Zeng (2021). "A potential therapeutic strategy for prostatic disease by targeting the oral microbiome." *Medicinal research reviews* 41(3): 1812−1834.

22. Rosa, L. S., M. L. Santos, J. P. Abreu, C. F. Balthazar, R. S. Rocha, H. L. A. Silva, E. A. Esmerino, M. C. K. H. Duarte, T. C. Pimentel, M. Q. Freitas, M. C. Silva, A. G. Cruz and A. J. Teodoro (2020). "Antiproliferative and apoptotic effects of probiotic whey dairy beverages in human prostate cell lines." *Food Research International* 137: 109450.

23. Golubnitschaja, O., P. Kubatka, A. Mazurakova, M. Samec, A. Alajati, F. A. Giordano, V. Costigliola, J. Ellinger and M. Ritter (2022). "Systemic Effects Reflected in Specific Biomarker Patterns Are Instrumental for the Paradigm Change in Prostate Cancer Management: A Strategic Paper." *Cancers* 14(3): 675.

● 중환자실과 수술 후 감염예방

1. Li, C., F. Lu, J. Chen, J. Ma and N. Xu (2022). "Probiotic Supplementation Prevents the Development of Ventilator−Associated Pneumonia for Mechanically Ventilated ICU Patients: A Systematic Review and Network Meta−analysis of Randomized Controlled Trials." *Frontiers in nutrition* 9: 919156.

2. Jeon, K. (2011). "Ventilator−associated pneumonia." The Korean Academy of *Tuberculosis and Respiratory Diseases* 70(3): 191−198.

3. Dickson, R. P. and G. B. Huffnagle (2015). "The lung microbiome: new principles for respiratory bacteriology in health and disease." *PLoS pathogens* 11(7): e1004923.

4. Gershonovitch, R., N. Yarom and M. Findler (2020). "Preventing Ventilator−Associated Pneumonia in Intensive Care Unit by improved Oral Care: a Review of Randomized Control Trials." *SN comprehensive clinical medicine* 2(6): 727−733.

5. Wang, L., X. Li, Z. Yang, X. Tang, Q. Yuan, L. Deng and X. Sun (2016). "Semi−recumbent position versus supine position for the prevention of ventilator−associated pneumonia in adults requiring mechanical ventilation." *The Cochrane database of systematic reviews* 2016(1): Cd009946.

6. Cheema, H. A., A. Shahid, M. Ayyan, B. Mustafa, A. Zahid, M. Fatima, M. Ehsan, F. Athar, N. Duric and T. Szakmany (2022). "Probiotics for the Prevention of Ventilator−Associated Pneumonia: An Updated Systematic Review and Meta−Analysis of Randomised Controlled Trials." *Nutrients* 14(8): 1600.

7. Sun, Y.−c., C.−y. Wang, H.−l. Wang, Y. Yuan, J.−h. Lu and L. Zhong (2022). "Probiotic in the prevention of ventilator−associated pneumonia in critically ill patients: evidence from meta−analysis and trial sequential analysis of randomized clinical trials." *BMC Pulmonary Medicine* 22(1): 168.

8. Banupriya, B., N. Biswal, R. Srinivasaraghavan, P. Narayanan and J. Mandal (2015). "Probiotic prophylaxis to prevent ventilator associated pneumonia (VAP) in children on mechanical ventilation: an open−label randomized controlled trial." *Intensive Care Medicine* 41(4): 677−685.

9. Zhang, Y., J. Chen, J. Wu, H. Chalson, L. Merigan, A. J. H. s. Mitchell and nutrition (2013). "Probiotic use in preventing postoperative infection in liver transplant patients." *Hepatobiliary surgery and nutrition* 2(3): 142.

10. Chowdhury, A. H., A. Adiamah, A. Kushairi, K. K. Varadhan, Z. Krznaric, A. D. Kulkarni, K. R. Neal and D. N. Lobo (2020). "Perioperative Probiotics or Synbiotics in Adults Undergoing Elective Abdominal Surgery: A Systematic Review and Meta−analysis of Randomized Controlled Trials." *Annals of Surgery* 271(6).

11. Tang, G., L. Zhang, W. Huang, Z. J. N. Wei and Cancer (2022). "Probiotics or Synbiotics for Preventing Postoperative Infection in Hepatopancreatobiliary Cancer Patients: A Meta−Analysis of Randomized Controlled Trials." *Nutrition and cancer* 74(10): 3468−3478.

● 대사증후군, 만성질환 관리와 프로바이오틱스

1. Pontzer, H., Wood, B. M., & Raichlen, D. A. (2018). Hunter−gatherers as models in public health. *Obesity reviews* : an official journal of the International Association for the Study of Obesity 19 Suppl 1, 24−35.

2. Vich Vila, A., V. Collij, S. Sanna, T. Sinha, F. Imhann, A. R. Bourgonje, Z. Mujagic, D. M. A. E. Jonkers, A. A. M. Masclee, J. Fu, A. Kurilshikov, C. Wijmenga, A. Zhernakova and R. K. Weersma (2020). "Impact of commonly

used drugs on the composition and metabolic function of the gut microbiota." *Nature Communications* 11(1): 362.

3. Choi, I. H., J. S. Noh, J.−S. Han, H. J. Kim, E.−S. Han and Y. O. J. J. o. M. F. Song (2013). "Kimchi, a fermented vegetable, improves serum lipid profiles in healthy young adults: randomized clinical trial." 16(3): 223−229.

4. Yilmaz, I. and B. Arslan (2022). "The effect of kefir consumption on the lipid profile for individuals with normal and dyslipidemic properties: a randomized controlled trial." *Revista de Nutrição* 35.

5. Keleszade, E., S. Kolida and A. Costabile (2022). "The cholesterol lowering efficacy of Lactobacillus plantarum ECGC 13110402 in hypercholesterolemic adults: a double−blind, randomized, placebo controlled, pilot human intervention study." *Journal of Functional Foods* 89: 104939.

6. Curia, M. C., P. Pignatelli, D. L. D'Antonio, D. D'Ardes, E. Olmastroni, L. Scorpiglione, F. Cipollone, A. L. Catapano, A. Piattelli, M. Bucci and P. Magni (2022). "Oral Porphyromonas gingivalis and Fusobacterium nucleatum Abundance in Subjects in Primary and Secondary Cardiovascular Prevention, with or without Heterozygous Familial Hypercholesterolemia." *Biomedicines* 10(9).

7. Sanz, M., A. Marco Del Castillo, S. Jepsen, J. R. Gonzalez−Juanatey, F. D'Aiuto, P. Bouchard, I. Chapple, T. Dietrich, I. Gotsman, F. Graziani, D. Herrera, B. Loos, P. Madianos, J. B. Michel, P. Perel, B. Pieske, L. Shapira, M. Shechter, M. Tonetti, C. Vlachopoulos and G. Wimmer (2020). "Periodontitis and cardiovascular diseases: Consensus report." *JClinPeriodontol* 47(3): 268−288.

8. Gomes, A. C., A. A. Bueno, R. G. M. de Souza and J. F. J. N. j. Mota (2014). "Gut microbiota, probiotics and diabetes." 13(1): 1−13.

9. Preshaw, P., A. Alba, D. Herrera, S. Jepsen, A. Konstantinidis, K. Makrilakis and R. Taylor (2012). "Periodontitis and diabetes: a two−way relationship." *Diabetologia* 55(1): 21−31.

10. Khalesi, S., J. Sun, N. Buys and R. Jayasinghe (2014). "Effect of probiotics on blood pressure: a systematic review and meta−analysis of randomized, controlled trials." *Hypertension* 64(4): 897−903.

11. Pignatelli, P., G. Fabietti, A. Ricci, A. Piattelli and M. C. Curia (2020). "How Periodontal Disease and Presence of Nitric Oxide Reducing Oral

Bacteria Can Affect Blood Pressure." *Int J MolSci* 21(20).

12. Aguilera, E. M., J. Suvan, M. Orlandi, Q. M. Catalina, J. Nart and F. D'Aiuto (2021). "Association Between Periodontitis and Blood Pressure Highlighted in Systemically Healthy Individuals." 77(5): 1765−1774.

3장 프로바이오틱스로 건강하게

● 장건강 _ 장누수증후군과 프로바이오틱스

1. Camilleri, M. J. C. O. i. C. N. and M. Care (2021). "What is the leaky gut? Clinical considerations in humans." 24(5): 473−482.

2. Camilleri, M. J. G. (2019). "Leaky gut: mechanisms, measurement and clinical implications in humans." 68(8): 1516−1526.

3. Michielan, A. and R. D'Incà (2015). "Intestinal Permeability in Inflammatory Bowel Disease: Pathogenesis, Clinical Evaluation, and Therapy of Leaky Gut." *Mediatorsofinflammation* 2015: 628157−628157.

4. Wang, S.−Z., Y.−J. Yu and K. J. M. Adeli (2020). "Role of gut microbiota in neuroendocrine regulation of carbohydrate and lipid metabolism via the microbiota−gut−brain−liver axis." 8(4): 527.

5. Sender, R., S. Fuchs and R. Milo (2016). "Revised Estimates for the Number of Human and Bacteria Cells in the Body." *PLoSBiol* 14(8): e1002533.

● 구강건강 _ 구강건강과 프로바이오틱스

1. Martins, C. C., P. B. Lockhart, R. T. Firmino, C. Kilmartin, T. J. Cahill, M. Dayer, I. G. Occhi-Alexandre, H. Lai, L. Ge and M. H. J. O. D. Thornhill (2023). "Bacteremia following different oral procedures: systematic review and meta-analysis."

2. Park, D.−Y., J. Y. Park, D. Lee, I. Hwang and H.-S. J. C. Kim (2022). "Leaky Gum: The Revisited Origin of Systemic Diseases." *Cells* 11(7): 1079.

3. Karbalaei, M., M. Keikha, N. M. Kobyliak, Z. Khatib Zadeh, B. Yousefi and M. Eslami (2021). "Alleviation of halitosis by use of probiotics and their protective mechanisms in the oral cavity." *New Microbes and New Infections* 42: 100887.

4. Rose, E. C., J. Odle, A. T. Blikslager and A. L. J. I. j. o. m. s. Ziegler (2021). "Probiotics, prebiotics and epithelial tight junctions: a promising approach to modulate intestinal barrier function." *Int J Mol Sci.* 22(13): 6729.

5. Cheng, B., X. Zeng, S. Liu, J. Zou and Y. Wang (2020). "The efficacy of probiotics in management of recurrent aphthous stomatitis: a systematic review and meta-analysis." *Scientific Reports* 10(1): 21181.

6. Thakkar, P. K., M. Imranulla, P. N. Kumar, G. Prashant, B. Sakeenabi, V. J. D. Sushanth and M. Research (2013). "Effect of probiotic mouthrinse on dental plaque accumulation: A randomized controlled trial." 1(1): 7.

7. Teughels, W., M. G. Newman, W. Coucke, A. D. Haffajee, H. C. Van Der Mei, S. K. Haake, E. Schepers, J. J. Cassiman, J. Van Eldere, D. van Steenberghe and M. Quirynen (2007). "Guiding periodontal pocket recolonization: a proof of concept." *J Dent Res* 86(11): 1078–1082.

8. Endo, H., T. Higurashi, K. Hosono, E. Sakai, Y. Sekino, H. Iida, Y. Sakamoto, T. Koide, H. Takahashi and M. J. J. o. g. Yoneda (2011). "Efficacy of Lactobacillus casei treatment on small bowel injury in chronic low-dose aspirin users: a pilot randomized controlled study." 46(7): 894–905.

9. Aragon-Martinez, O. H., F. Martinez-Morales, R. Bologna Molina and S. Aranda Romo (2019). "Should dental care professionals prescribe probiotics for their patients under antibiotic administration?" *Int Dent J* 69(5): 331–333.

● 피부건강 _ 아토피와 무좀 경험을 바탕으로

1. Xiao, A., C. Warren, W. Samady, L. J. C. Bilaver, Cosmetic and I. Dermatology (2021). "Novel Topical Treatment for Dandruff & Dry Scalp Through Sustained Balance in Skin Microbiome." 945–947.

2. Reygagne, P., P. Bastien, M. Couavoux, D. Philippe, M. Renouf, I. Castiel-Higounenc and A. J. B. m. Gueniche (2017). "The positive benefit of Lactobacillus paracasei NCC2461 ST11 in healthy volunteers with moderate to severe dandruff." 8(5): 671–680.

3. Habeebuddin, M., R. K. Karnati, P. N. Shiroorkar, S. Nagaraja, S. M. B. Asdaq, M. Khalid Anwer and S. J. P. Fattepur (2022). "Topical Probiotics: More Than a Skin Deep." 14(3): 557.

4. Guo, J., A. Mauch, S. Galle, P. Murphy, E. Arendt and A. J. J. o. A.

M. Coffey (2011). "Inhibition of growth of Trichophyton tonsurans by Lactobacillus reuteri." 111(2): 474-483.

5. Garrido, A. J. Z., A. C. Romo and F. B. J. A. o. h. Padilla (2003). "Terbinafine hepatotoxicity. A case report and review of literature." 2(1): 47-51.

6. Astvad, K. M. T., R. K. Hare, K. M. Jørgensen, D. M. L. Saunte, P. K. Thomsen and M. C. J. J. o. F. Arendrup (2022). "Increasing terbinafine resistance in Danish Trichophyton isolates 2019 - 2020." 8(2): 150.

7. Shen, J. J., M. C. Arendrup, S. Verma and D. M. L. J. D. Saunte (2022). "The emerging terbinafine-resistant Trichophyton epidemic: What Is the role of antifungal susceptibility testing?" 238(1): 60-79.

● 호흡기 건강 _ 코에서 폐까지, 그리고 프로바이오틱스

1. Zhang, N., K. Van Crombruggen, E. Gevaert and C. Bachert (2016). "Barrier function of the nasal mucosa in health and type-2 biased airway diseases." 71(3): 295-307.

2. Marini, G., E. Sitzia, M. L. Panatta and G. C. J. I. j. o. g. m. De Vincentiis (2019). "Pilot study to explore the prophylactic efficacy of oral probiotic Streptococcus salivarius K12 in preventing recurrent pharyngo-tonsillar episodes in pediatric patients." 12: 213.

3. Zhao, Y., B. R. Dong and Q. J. C. d. o. s. r. Hao (2022). "Probiotics for preventing acute upper respiratory tract infections." (8).

4. Bidossi, A., R. De Grandi, M. Toscano, M. Bottagisio, E. De Vecchi, M. Gelardi and L. Drago (2018). "Probiotics Streptococcus salivarius 24SMB and Streptococcus oralis 89a interfere with biofilm formation of pathogens of the upper respiratory tract." BMC Infectious Diseases 18(1): 653.

5. Popova, M., P. Molimard, S. Courau, J. Crociani, C. Dufour, F. Le Vacon and T. Carton (2012). "Beneficial effects of probiotics in upper respiratory tract infections and their mechanical actions to antagonize pathogens." 113(6): 1305-1318.

6. Hung, S.-H., M.-C. Tsai, H.-C. Lin and S.-D. Chung (2016). "Allergic Rhinitis Is Associated With Periodontitis: A Population-Based Study." Journal of Periodontology 87: 1-13.

● 여성건강 _ 락토바실러스의 독재를 돕는 프로바이오틱스

1. 김혜성 (2019). 미생물과 공존하는 나는 통생명체다. 파라사이언스.
2. Valore, E. V., C. H. Park, S. L. Igreti and T. Ganz (2002). "Antimicrobial components of vaginal fluid." *Am J Obstet Gynecol* 187(3): 561−568.
3. Burmeister, C. A., S. F. Khan, G. Schäfer, N. Mbatani, T. Adams, J. Moodley and S. Prince (2022). "Cervical cancer therapies: Current challenges and future perspectives." *Tumour Virus Research* 13: 200238.
4. Consortium, H. M. P. (2012). "Structure, function and diversity of the healthy human microbiome." *Nature* 486(7402): 207−214.
5. Frąszczak, K., B. Barczyński and A. J. C. Kondracka (2022). "Does Lactobacillus Exert a Protective Effect on the Development of Cervical and Endometrial Cancer in Women?" 14(19): 4909.
6. https://commons.wikimedia.org/wiki/File:Front_of_Sensory_Homunculus.gif

● 마음건강 _ 사이코바이오틱스, 마음건강을 위한 프로바이오틱스

1. 이지현 (2016). 내 약 사용설명서. 2016 세상풍경.
2. Fornaro, M., A. Anastasia, A. Valchera, A. Carano, L. Orsolini, F. Vellante, G. Rapini, L. Olivieri, S. Di Natale and G. J. F. i. p. Perna (2019). "The FDA "black box" warning on antidepressant suicide risk in young adults: More harm than benefits?" 10: 294.
3. 파르하에허, 파. (2012). 우리는 어떻게 괴물이 되어가는가, 신자유주의 인격의 탄생. 반비.
4. Ghaffari Darab, M., A. Hedayati, E. Khorasani, M. Bayati and K. Keshavarz (2020). "Selective serotonin reuptake inhibitors in major depression disorder treatment: an umbrella review on systematic reviews." *Int J Psychiatry Clin Pract* 24(4): 357−370.
5. Sjöstedt, P., J. Enander and J. Isung (2021). "Serotonin Reuptake Inhibitors and the Gut Microbiome: Significance of the Gut Microbiome in Relation to Mechanism of Action, Treatment Response, Side Effects, and Tachyphylaxis." *Front Psychiatry* 12: 682868.
6. Barrio, C., S. Arias−Sanchez and I. J. P. Martin−Monzon (2022). "The gut microbiota−brain axis, psychobiotics and its influence on brain and behaviour: A systematic review." *Psychoneuroendocrinology* 137: 105640.

7. Musazadeh, V., M. Zarezadeh, A. H. Faghfouri, M. Keramati, P. Jamilian, P. Jamilian, A. Mohagheghi, A. J. C. R. i. F. S. Farnam and Nutrition (2022). "Probiotics as an effective therapeutic approach in alleviating depression symptoms: an umbrella meta-analysis." *Critical Reviews in Food Science and Nutrition* 1-9.

8. Akkasheh, G., Z. Kashani-Poor, M. Tajabadi-Ebrahimi, P. Jafari, H. Akbari, M. Taghizadeh, M. R. Memarzadeh, Z. Asemi and A. Esmaillzadeh (2016). "Clinical and metabolic response to probiotic administration in patients with major depressive disorder: A randomized, double-blind, placebo-controlled trial." *Nutrition* 32(3): 315-320.

9. Xiao, J., N. Katsumata, F. Bernier, K. Ohno, Y. Yamauchi, T. Odamaki, K. Yoshikawa, K. Ito and T. Kaneko (2020). "Probiotic Bifidobacterium breve in Improving Cognitive Functions of Older Adults with Suspected Mild Cognitive Impairment: A Randomized, Double-Blind, Placebo-Controlled Trial." *J Alzheimers Dis* 77(1): 139-147.

10. Wang, Y., N. Li, J.-J. Yang, D.-M. Zhao, B. Chen, G.-Q. Zhang, S. Chen, R.-F. Cao, H. Yu, C.-Y. Zhao, L. Zhao, Y.-S. Ge, Y. Liu, L.-H. Zhang, W. Hu, L. Zhang and Z.-T. Gai (2020). "Probiotics and fructo-oligosaccharide intervention modulate the microbiota-gut brain axis to improve autism spectrum reducing also the hyper-serotonergic state and the dopamine metabolism disorder." Pharmacological Research 157: 104784.

11. O'Mahony, S., G. Clarke, Y. Borre, T. Dinan and J. Cryan (2015). "Serotonin, tryptophan metabolism and the brain-gut-microbiome axis." *Behavioural brain research* 277: 32-48.

12. Peretti, S., M. Mariano, C. Mazzocchetti, M. Mazza, M. Pino, A. Verrotti Di Pianella and M. J. N. n. Valenti (2019). "Diet: the keystone of autism spectrum disorder?" 22(12): 825-839.

4장. 프로바이오틱스, 어떻게 선택하고 어떻게 복용할까

● 프로바이오틱스, 어떻게 선택할까?

1. Su, G. L., C. W. Ko, P. Bercik, Y. Falck-Ytter, S. Sultan, A. V. Weizman and R. L. J. G. Morgan (2020). "AGA clinical practice guidelines on the role

of probiotics in the management of gastrointestinal disorders." 159(2): 697–705.

2. de Melo Pereira, G. V., B. de Oliveira Coelho, A. I. M. Júnior, V. Thomaz–Soccol and C. R. J. B. a. Soccol (2018). "How to select a probiotic? A review and update of methods and criteria." 36(8): 2060–2076.

3. Kaur, S., R. Kaur, N. Rani, S. Sharma, M. J. A. i. p. f. s. f. Joshi and medicine (2021). "Sources and selection criteria of probiotics." 27–43.

4. Timmerman, H. M., C. J. Koning, L. Mulder, F. M. Rombouts and A. C. J. I. j. o. f. m. Beynen (2004). "Monostrain, multistrain and multispecies probiotics—a comparison of functionality and efficacy." 96(3): 219–233.

5. Teughels, W., M. G. Newman, W. Coucke, A. D. Haffajee, H. C. Van Der Mei, S. K. Haake, E. Schepers, J. J. Cassiman, J. Van Eldere, D. van Steenberghe and M. Quirynen (2007). "Guiding periodontal pocket recolonization: a proof of concept." *J Dent Res* 86(11): 1078–1082.

6. Pramanik, S., S. Venkatraman, P. Karthik, V. K. J. F. S. Vaidyanathan and Biotechnology (2023). "A systematic review on selection characterization and implementation of probiotics in human health." 1–18.

7. Land, M. H., K. Rouster–Stevens, C. R. Woods, M. L. Cannon, J. Cnota and A. K. Shetty (2005). "Lactobacillus sepsis associated with probiotic therapy." *Pediatrics* 115(1): 178–181.

8. Tompkins, T., I. Mainville and Y. J. B. m. Arcand (2011). "The impact of meals on a probiotic during transit through a model of the human upper gastrointestinal tract." 2(4): 295–303.

● 프로바이오틱스 복용방법

1. Boesten, R. J. and W. M. J. J. o. c. g. de Vos (2008). "Interactomics in the Human Intestine: Lactobacilli: And: Bifidobacteria: Make a Difference." 42: S163–S167.

2. Tompkins, T., I. Mainville and Y. J. B. m. Arcand (2011). "The impact of meals on a probiotic during transit through a model of the human upper gastrointestinal tract." 2(4): 295–303.

3. Toscano, M., R. De Grandi, L. Stronati, E. De Vecchi and L. J. W. j. o. g. Drago (2017). "Effect of Lactobacillus rhamnosus HN001 and Bifidobacterium

longum BB536 on the healthy gut microbiota composition at phyla and species level: A preliminary study." 23(15): 2696.

● 결론

1. Flemming, H. C., J. Wingender, U. Szewzyk, P. Steinberg, S. A. Rice and S. Kjelleberg (2016). "Biofilms: an emergent form of bacterial life." *Nat Rev Microbiol* 14(9): 563–575.
2. Suárez, J. and V. Triviño (2019). "A metaphysical approach to holobiont individuality: Holobionts as emergent individuals."
3. 블레이저, 마. (2014). 인간은 왜 세균과 공존해야 하는가, 처음북스.